"十四五"时期国家重点出版物出版专项规划项目

"中国山水林田湖草生态产品监测评估及绿色核算"系列丛书

王 兵 ■ 总主编

贵州麻阳河国家级自然保护区

森林生态产品绿色核算

吴安康　牛　香　邹启先　王　兵
唐晓宇　王以惠　王　星　宋庆丰　等 ■ 著

中国林业出版社
China Forestry Publishing House

图书在版编目（CIP）数据

贵州麻阳河国家级自然保护区森林生态产品绿色核算 / 吴安康等著. -- 北京：中国林业出版社，2023.10

（"中国山水林田湖草生态产品监测评估及绿色核算"系列丛书）

ISBN 978-7-5219-2304-9

Ⅰ．①贵⋯ Ⅱ．①吴⋯ Ⅲ．①自然保护区—森林生态系统—服务功能—评估—贵州 Ⅳ．① S718.55

中国国家版本馆 CIP 数据核字（2023）第 157566 号

策划编辑：于界芬　于晓文

责任编辑：于晓文

出版发行　中国林业出版社（100009，北京市西城区刘海胡同 7 号，电话 010-83143549）

电子邮箱　cfphzbs@163.com

网　　址　www.forestry.gov.cn/lycb.html

印　　刷　河北京平诚乾印刷有限公司

版　　次　2023 年 10 月第 1 版

印　　次　2023 年 10 月第 1 次印刷

开　　本　889mm×1194mm　1/16

印　　张　10.75

字　　数　240 千字

定　　价　98.00 元

《贵州麻阳河国家级自然保护区森林生态产品绿色核算》著者名单

项目完成单位：

中国林业科学研究院森林生态环境与自然保护研究所

国家林业和草原局"典型林业生态工程效益监测评估国家创新联盟"

中国森林生态系统定位观测研究网络（CFERN）

贵州麻阳河国家级自然保护区管理局

贵州省林业科学研究院

项目首席科学家：

王　兵　　中国林业科学研究院森林生态环境与自然保护研究所

项目组成员（按姓氏笔画排序）：

丁访军	王　兵	王　南	王　星	王　彬	王以惠	牛　香
石　运	刘　润	许庭毓	寿　烨	李　伟	李思尧	李婉婷
李慧杰	杨远露	杨　星	杨朝辉	杨　德	杨　璐	肖　娜
吴　鹏	吴光阳	吴安康	邱晓涵	邹　浩	邹启先	宋庆丰
张　璠	张　鹏	张再霞	张志春	邵全琴	罗佳妮	罗碧兰
周　阳	周　莹	周熠慧	徐　猛	郭　珂	郭雅君	唐晓宇
黄　凤	董玲玲	蔡　鸶	黎　锐	潘　惠	颜修刚	

编写组成员：

吴安康　牛　香　邹启先　王　兵　唐晓宇　王以惠　王　星
宋庆丰

前　言

　　林草兴则生态兴，生态兴则文明兴。习近平总书记强调："绿水青山既是自然财富、生态财富，又是社会财富、经济财富。"党的十九大提出"新时代我国社会主要矛盾是人民日益增长的美好生活需要和不平衡不充分的发展之间的矛盾"。人民美好生活的需求不但包括物质产品，还包括高质量的生态产品。习近平总书记2021年参加全国两会内蒙古代表团审议时，对内蒙古大兴安岭森林与湿地生态系统每年6159.74亿元的生态服务价值评估作出肯定，"你提到的这个生态总价值，就是绿色GDP的概念，说明生态本身就是价值。这里面不仅有林木本身的价值，还有绿肺效应，更能带来旅游、林下经济等。'绿水青山就是金山银山'，这实际上是增值的"。林草事业进入了高度融合发展的新阶段。在新的历史时期，不但要增"量"，更要提"质"，在生态产品稀缺、有成本、需求高等背景下，确保将优美生态环境"产品化"进而满足人类对高质量生态产品的需求。党的二十大报告强调"牢固树立和践行绿水青山就是金山银山的理念，站在人与自然和谐共生的高度谋划发展"。为加快推动建立健全生态产品价值实现机制，走出一条生态优先、绿色发展的新路子，中共中央办公厅、国务院办公厅印发了《关于建立健全生态产品价值实现机制的意见》，从生态产品调查监测机制、评价机制、经营开发机制、保护补偿机制、保障机制、推进机制等方面提出多条具体意见。这就需要我们用科学的方法，获取翔实的数据，才能对"绿水青山"这个自然财富、生态财富，作出准确、量化地评价。

　　贵州麻阳河国家级自然保护区（以下简称"麻阳河保护区"）位于黔东北沿河土家族自治县与务川仡佬族苗族自治县交界地区。1987年9月成立县级自然保护区，1994年8月建立省级自然保护区，2003年6月经国务院批准晋升为国家级自然保护区，总面积31113公顷，是我国唯一一处以保护黑叶猴及其栖息地为主的野生动物类型自然保护区，也是全国野生黑叶猴分布最密集地区和全球最大野生黑叶猴种群分布地，被誉为"黑叶猴王国"，2017年3月获批"中国黑叶猴之乡"。从1994年、2016年、2022年保护区调查结果来看，黑叶猴的种群数量分别为38群395只、72群554±209只、72群558～810只，数量明显增长。保护区优越的地理环境和中

亚热带温暖湿润的气候条件为野生动植物提供了良好的生存和栖息生境，是动植物的天然宝库。森林植被类型以中亚热带湿润常绿阔叶林为主，具有典型的喀斯特地貌景观和独特的峡谷地貌景观。

在我国生态安全战略格局建设的大形势下，精准量化绿水青山生态建设成效，科学评估金山银山生态产品价值，是深入贯彻和践行"两山"理念的重要举措和当务之急。为了精准核算麻阳河保护区森林生态系统提供的生态产品价值，麻阳河保护区管理局委托中国林业科学研究院森林生态环境与自然保护研究所王兵首席率领的森林生态监测与评估专家团队，共同完成了本项工作。该团队长期致力于生态系统监测、核算评估方面的研究，牵头发布了《森林生态系统长期定位观测指标体系》（GB/T 35377—2017）、《森林生态系统长期定位观测方法》（GB/T 33027—2017）、《森林生态系统服务功能评估规范》（GB/T 38582—2020）、《森林生态系统长期定位观测研究站建设规范》（GB/T 40053—2021）4项国家标准，这在准确践行习近平总书记生态文明思想方面提供了重要科技支撑。并向社会发布了三期（第七次、第八次、第九次）中国森林资源的绿色核算成果，生态产品价值量分别是10.01万亿元/年、12.68万亿元/年、15.88万亿元/年，生态功能显著增加。

本项目核算中，采用了森林生态连清体系和分布式测算方法，以麻阳河保护区2021年林地一张图数据为基础，耦合中国森林生态系统定位观测研究网络（CFERN）在该区域积累的多年连续观测数据和国家权威部门发布的公共数据为依据，开展了保育土壤、林木养分固持、涵养水源、固碳释氧、净化大气环境、生物多样性保护等功能项的评估核算；并借鉴国内外研究成果的基础上，增加了保护区旗舰物种（黑叶猴）生物多样性保护和科研科普价值的评估指标，最终构建了7项功能17项指标的麻阳河保护区森林生态产品核算指标体系，完成了物质量和价值量的核算。通过本次核算彰显了麻阳河保护区生态建设与保护成效，尤其是对黑叶猴及其栖息地的保护提供了科学依据。

评估结果显示：麻阳河保护区森林生态系统固土量、保肥量、涵养水源量、全口径碳中和量、生产负离子量、吸收气体污染物量、滞纳TSP量、滞纳PM_{10}量和滞纳$PM_{2.5}$量分别为54.12万吨/年、3.22万吨/年、5416.29万立方米/年、6.61万吨/年、11.71×10^{22}个/年、358.93万千克/年、42.59万吨/年、30.59万千克/年和7.91万千克/年。其中：麻阳河保护区森林生态系统涵养水源量约相当于彭水水库调节库容（5.1亿立方米）和防洪库容（2.32亿立方米）的10%和1/4；全口径碳

中和量分别相当于中和了沿河县工业碳排放量和务川碳排放量的 12.30% 和 21.20%。价值量为 24.61 亿元/年，分别相当于 2021 年沿河县和务川县 GDP 总量的 17.03% 和 25.71%，森林生态系统"绿色水库""绿色碳库""绿色氧吧库"和"绿色基因库"分别为 4.79 亿元/年、1.85 亿元/年、2.26 亿元/年和 11.14 亿元/年，黑叶猴旗舰物种生物多样性保护价值为 7.02 亿元/年，占总价值量的比例超过了 1/4，彰显了保护区对黑叶猴的保护成效。

　　麻阳河保护区森林生态产品核算以直观的货币形式呈现了保护区森林生态系统为人们提供生态产品的服务价值（24.61 亿元/年）。评估结果用详实的数据不仅体现了"绿水青山就是金山银山"理念的重要实践，也是生态产品价值实现的核心前提，更是助力保护区高质量发展的重要引擎。

著　者

2023 年 6 月

目　录

第一章

森林生态系统连续观测与清查体系

　　森林是人类繁衍生息的根基，是人类实现可持续发展的重要安全保障。我国现阶段开展的森林资源清查是反映区域森林资源状况，制定和调整林业方针政策及森林资源经营管理的重要依据。伴随着气候变化、土地退化、生物多样性减少等各种生态问题对人类的严重威胁，森林的生态功能已得到普遍重视。依托中国森林生态系统定位观测研究网络（CFERN），采用与全国森林资源连续清查技术相结合的森林生态系统服务全指标体系连续观测与清查技术（简称"森林生态连清体系"），开展区域森林生态系统服务功能的科学、准确、及时评估，对提高森林经营管理水平，推动林业的全面发展具有重要意义。

> 　　森林生态系统服务全指标体系连续观测与定期清查（简称森林生态连清）：是以生态地理区划为单位，以国家现有森林生态站为依托，采用长期定位观测技术和分布式测算方法，定期对同一森林生态系统进行重复的全指标体系观测与清查的技术。

　　贵州麻阳河国家级自然保护区（简称麻阳河保护区）森林生态系统连续观测与清查体系（简称麻阳河保护区森林生态连清体系）（图1-1），以生态地理区划为单位，依托麻阳河保护区周边现有的森林生态站和其他辅助监测点（林业工程生态效益监测点、长期固定实验点以及辅助监测样地），采用长期定位观测和分布式测算方法，定期对麻阳河保护区森林生态产品进行全指标体系观测与清查，并与麻阳河保护区森林资源数据相耦合，评估麻阳河保护区森林生态产品的物质量和价值量，进而了解其内涵。

　　麻阳河保护区森林生态连清体系由野外观测技术体系和分布式测算评估体系两部分构成。野外观测技术体系包括观测体系布局、观测站点建设、观测标准体系和观测数据采集传

输系统，是数据保证体系，其基本要求是统一测度、统一计量、统一描述。分布式测算评估体系包括分布式评估测算方法、测算评估指标体系、数据源耦合集成、森林生态系统服务修正系数和评估公式与模型包，是精度保证体系，可以解决森林生态功能结构复杂、生态状况变化多端导致的精度难以准确到全口径、全周期、全指标的前沿科学问题。

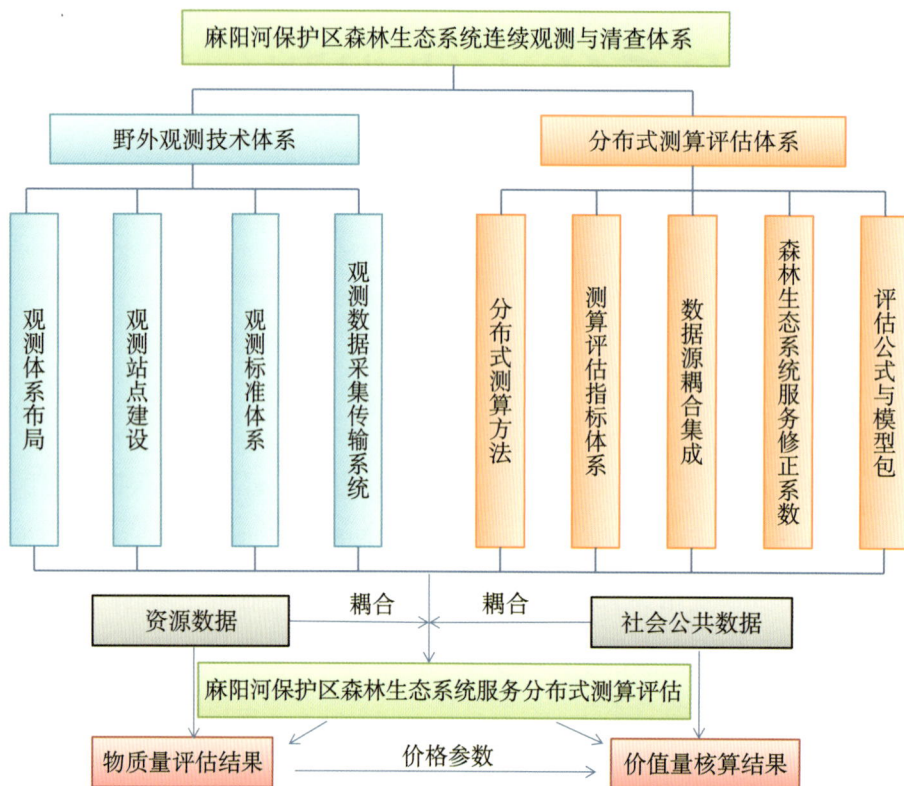

图1-1　麻阳河保护区森林生态系统连续观测与清查体系框架

第一节　野外观测技术体系

一、观测体系布局与建设

野外观测技术体系是构建麻阳河保护区森林生态连清体系的重要基础，为了做好这一基础工作，需要考虑如何构架观测体系布局。森林生态站与麻阳河保护区所处同一生态监测区域内各类林业监测点作为麻阳河保护区森林生态系统服务监测的两大平台，建设坚持"统一规划、统一布局、统一建设、统一规范、统一标准、资源整合、数据共享"的原则。

森林生态监测站网布局以典型抽样为指导思想，以水热分布和立地条件为布局基础，选择具有典型性、代表性和层次性明显的区域完成监测区划布局。首先，依据《中国森林区划》（吴中伦，1997）和《中国生态地理区域系统研究》（郑度，2008）两大区划体系确定麻阳河保护区森林生态区划，并将其作为森林生态站网布局的基础。其次，麻阳河保护区处于

国家重要生态功能区武陵山区生物多样性及水土保持生态功能区、重要生态脆弱区南方红壤丘陵山地生态脆弱区、重要生态系统保护和修复重大工程区长江中上游岩溶地区石漠化综合治理区，将以上区域作为森林生态站的重点布局区域。最后，将麻阳河保护区森林生态区划和重点森林生态站布局区域相结合布局森林生态站。

> 森林生态系统定位观测研究站（简称"森林生态站"）是通过在典型森林地段建立长期观测点与监测样地，对森林生态系统的组成、结构、生产力、养分循环、水循环和能量利用等在自然状态下或某些人为活动干扰下的动态变化格局与过程进行长期定位观测，阐明森林生态系统发生、发展、演替的内在机制和自身的动态平衡，以及参与生物地球化学循环过程的长期定位观测站点。

麻阳河保护区地处乌江的中上游，生态地理位置重要，地质为典型的喀斯特地貌，区内生物多样性高，是国家重点保护动物黑叶猴的重要栖息地。麻阳河保护区分为3个管理站，即龚溪口管理站、凉桥管理站、务川管理站，本研究对麻阳河保护区森林生态系统服务监测体系建设进行了详细科学的规划布局。为了保证监测精度和获取足够的监测数据，需要对其中每个区域进行长期定位监测。麻阳河保护区3个管理站分别监测能代表该区域主要优势树种（组），且能表征土壤、水文及生境等特征，为森林生态系统服务功能评估提供了重要的数据支撑。

森林生态站和监测点作为麻阳河保护区森林生态服务监测站，在麻阳河保护区森林生态系统服务评估中发挥着极其重要的作用。本次评估所采用的数据主要来源于麻阳河保护区管理站的监测数据、所处生态区内的森林生态站及中国林业科学研究院、贵州省林业科学研究院、贵州大学、贵州师范大学和重庆市林业科学研究院等科研院所（高校）建立的实验样地和临时调查点等对数据进行补充和修正。麻阳河保护区所处的生态监测分区为华东中南亚热带常绿阔叶林及马尾松杉木竹林地区，这一分区的特征是地带性植被类型为华中丘陵山地常绿阔叶林及马尾松杉木毛竹林区。该生态监测分区已建森林生态站包括恩施森林生态站、武陵山森林生态站、慈利森林生态站、梵净山森林生态站、雷公山森林生态站、喀斯特森林生态站、漓江源森林生态站、会同森林生态站、芦头森林生态站、湖南植物园森林生态站、衡山森林生态站、南岭森林生态站。

目前，麻阳河保护区及周围的生态监测站和辅助监测点在空间布局上能够充分体现区位优势和地域特色，兼顾了生态监测站在国家和地方等层面的典型性和重要性，并且已形成层次清晰、代表性强的监测站网，可以承担相关站点所属区域的生态连清野外监测工作（图1-2、表1-1）。

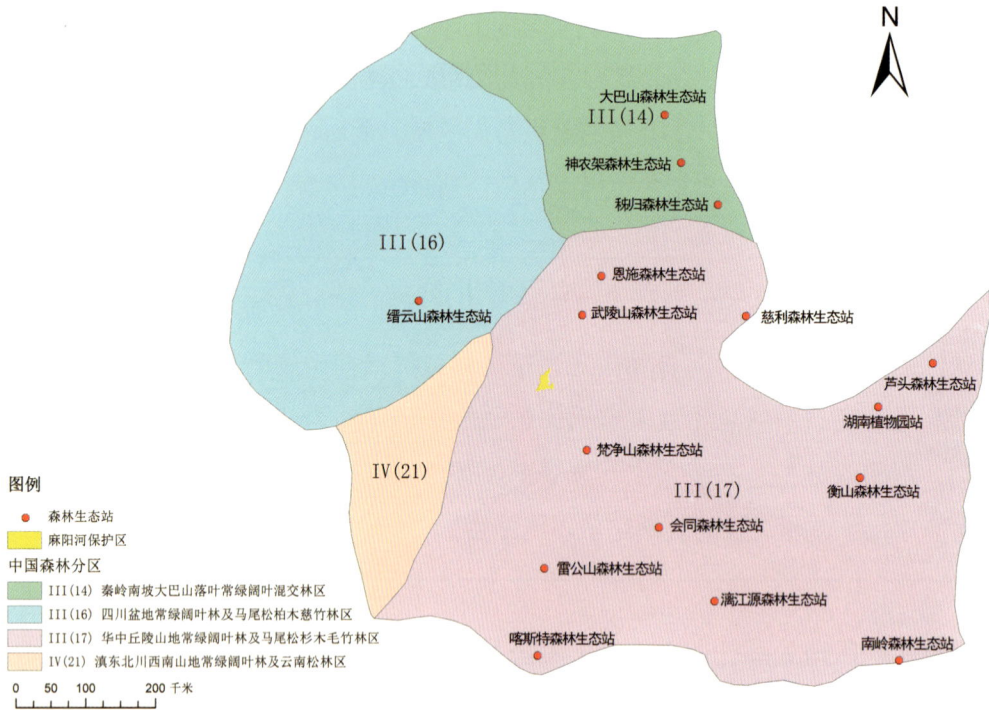

图 1-2　森林生态站及辅助监测点分布

表 1-1　麻阳河保护区所处生态区森林生态站基本情况

生态区	地带性森林类型	野外科学观测站	地点
华东中南亚热带常绿阔叶林及马尾松杉木竹林地区	华中丘陵山地常绿阔叶林及马尾松杉木毛竹林区	恩施森林生态站	湖北省恩施市
		武陵山森林生态站	重庆市涪陵区
		慈利森林生态站	湖南省张家界市
		梵净山森林生态站	贵州省铜仁市
		雷公山森林生态站	贵州省雷山县
		喀斯特森林生态站	贵州省荔波县
		漓江源森林生态站	广西壮族自治区兴安县
		会同森林生态站	湖南省会同县
		芦头森林生态站	湖南省平江县
		湖南植物园森林生态站	湖南省长沙市
		衡山森林生态站	湖南省衡阳市
		南岭森林生态站	广东省韶关市、清远市

　　借助以上森林生态站以及辅助监测点，可以满足麻阳河保护区森林生态系统服务监测和科学研究需求。随着政府对生态环境建设形式认识的不断发展，必将建立起麻阳河保护区森林生态系统服务监测的完备体系，为科学全面地评估麻阳河保护区乃至贵州省林业建设成效奠定坚实的基础。同时，通过各森林生态系统服务监测站点长期、稳定地发挥作用，必将为健全和完善国家生态监测网络，特别是构建完备的林业及其生态建设监测评估体系做出重大贡献。

二、森林生态连清监测评估标准体系

麻阳河保护区森林生态连清监测评估所依据的标准体系包括从森林生态系统服务监测站点建设到观测指标、观测方法、数据管理乃至数据应用各个阶段的标准（图1-3）。麻阳河保护区森林生态系统服务监测站点建设、观测指标、观测方法、数据管理及数据应用的标准化保证了不同站点所提供麻阳河保护区森林生态连清数据的准确性和可比性，为麻阳河保护区森林生态系统服务评估的顺利进行提供了保障。

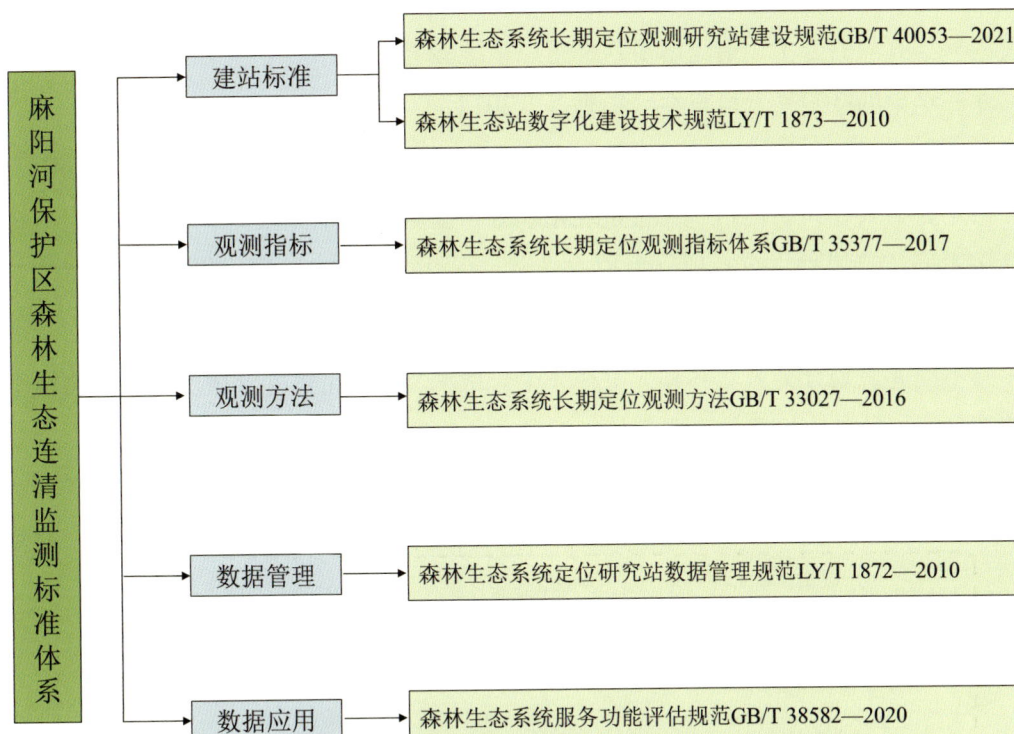

```
麻阳河保护区森林生态连清监测标准体系
    ├── 建站标准 ──┬── 森林生态系统长期定位观测研究站建设规范GB/T 40053—2021
    │              └── 森林生态站数字化建设技术规范LY/T 1873—2010
    ├── 观测指标 ───── 森林生态系统长期定位观测指标体系GB/T 35377—2017
    ├── 观测方法 ───── 森林生态系统长期定位观测方法GB/T 33027—2016
    ├── 数据管理 ───── 森林生态系定位研究站数据管理规范LY/T 1872—2010
    └── 数据应用 ───── 森林生态系统服务功能评估规范GB/T 38582—2020
```

图1-3 麻阳河保护区森林生态连清监测评估标准体系

第二节 分布式测算评估体系

一、分布式测算方法

分布式测算源于计算机科学，是研究如何把一项整体复杂的问题分割成相对独立运算的单元，并将这些单元分配给多个计算机进行处理，最后将计算结果综合起来，统一合并得出结论的一种科学计算方法（HagitAttiya，2008）。

最近，分布式测算项目已经被用于使用世界各地成千上万位志愿者的计算机的闲置计算能力，来解决复杂的数学问题，如GIMPS搜索梅森素数的分布式网络计算和研究寻找最为安全的密码系统如RC4等，这些项目都很庞大，需要惊人的计算量。分布式测算就是研究如何把一个需要非常巨大计算能力才能解决的问题分成许多小的部分，然后把这些部分分

配给许多计算机进行处理，最后把这些计算结果综合起来得到最终的结果。随着科学的发展，分布式计算已成为一种廉价的、高效的、维护方便的计算方法。

森林生态系统服务功能的测算是一项非常庞大、复杂的系统工程，很适合划分成多个均质化的生态测算单元开展评估（Niu et al.,2013）。通过第一次（2009 年）和第二次（2014 年）全国森林生态系统服务评估，2014 年、2015 年和 2016 年《退耕还林工程生态效益监测国家报告》和许多省级、市级和自然保护区尺度的评估已经证实，分布式测算方法能够保证评估结果的准确性及可靠性。因此，分布式测算方法是目前评估森林生态系统服务所采用的一种较为科学有效的方法，通过诸多森林生态系统服务功能评估案例也证实了分布式测算方法能够保证结果的准确性及可靠性（牛香等，2012）。

基于分布式测算方法评估麻阳河保护区生态产品的具体思路为：首先将麻阳河保护区按照管理站划分为龚溪口管理站、凉桥管理站和务川管理站 3 个一级测算单元；每个一级测算单元又按不同优势树种（组）划分为柏木（组）、马尾松（组）、华山松（组）、杉木（组）、软阔类、硬阔类、阔叶混、果树（组）、竹林和灌木林等 10 个二级测算单元；每个二级测算单元按照不同起源划分为天然林和人工林 2 个三级测算单元；每个三级测算单元按照龄组划分为幼龄林、中龄林、近熟林、成熟林、过熟林 5 个四级测算单元，再结合不同立地条件的对比观测，最终确定了 268 个相对均质化的生态服务功能评估单元（图 1-4）。

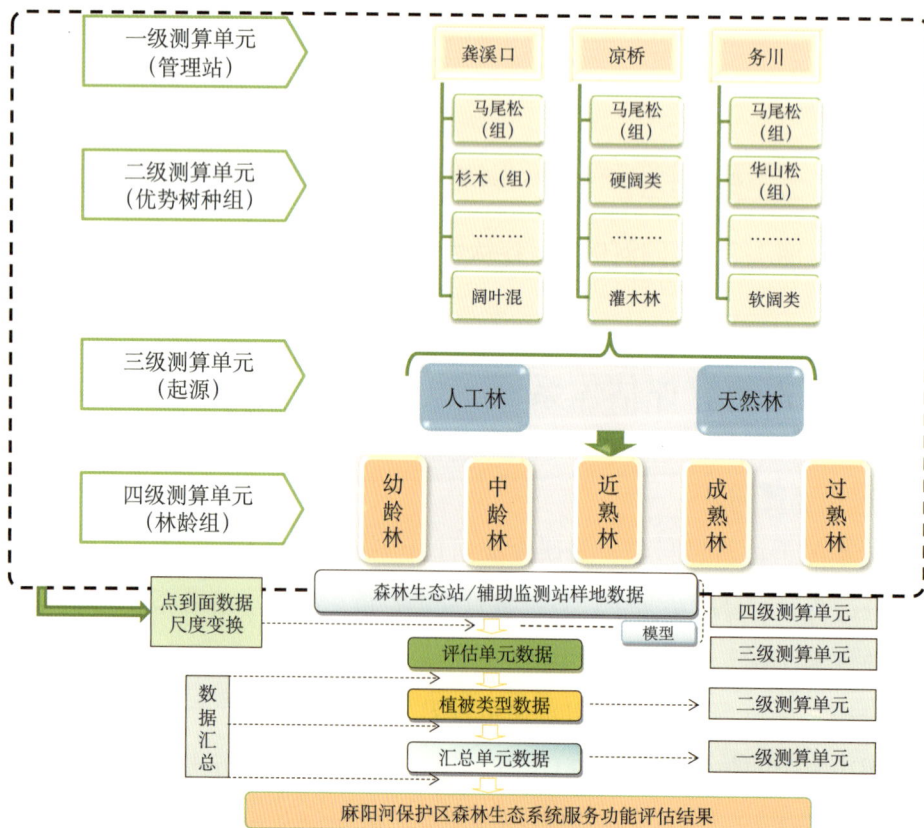

图 1-4　麻阳河保护区森林生态系统服务功能评估分布式测算方法

　　基于生态系统尺度的生态服务功能定位实测数据,运用遥感反演、过程机理模型等先进技术手段,进行由点到面的数据尺度转换,将点上实测数据转换至面上测算数据,即可得到各生态服务功能评估单元的测算数据。①利用改造的过程机理模型 IBIS(集成生物圈模型)输入森林生态站各样点的植物功能型类型、优势树种(组)、植被类型、土壤质地、土壤养分含量、凋落物储量以及降雨、地表径流等参数,依据中国植被图或遥感信息,推算各生态服务功能评估单元的涵养水源、保育土壤和固碳释氧等生态功能数据。②结合森林生态站长期定位观测的监测数据和麻阳河保护区森林资源数据(蓄积量、树种组成、龄组等),通过筛选获得基于遥感数据反演的统计模型,推算各生态服务功能评估单元的林木积累营养物质生态功能数据和净化大气环境生态功能数据。将各生态服务功能评估单元的测算数据逐级累加,即可得到麻阳河保护区森林生态系统服务功能的最终评估结果。

二、监测评估指标体系

　　森林生态系统是地球生态系统的主体,其生态服务功能体现于生态系统和生态过程所形成的有利于人类生存与发展的生态环境条件与效用。如何真实地反映森林生态系统服务的效果,观测评估指标体系的建立非常重要。

　　在满足代表性、全面性、简明性、可操作性以及适应性等原则的基础上,通过总结近年的工作及研究经验,基于国家标准《森林生态系统服务功能评估规范》(GB/T 38582—2020),本次评估选取的测算评估指标主要包括保育土壤、林木养分固持、涵养水源、固碳释氧、净化大气环境、生物多样性保护和科研文化等 7 项功能 22 个指标(图 1-5)。

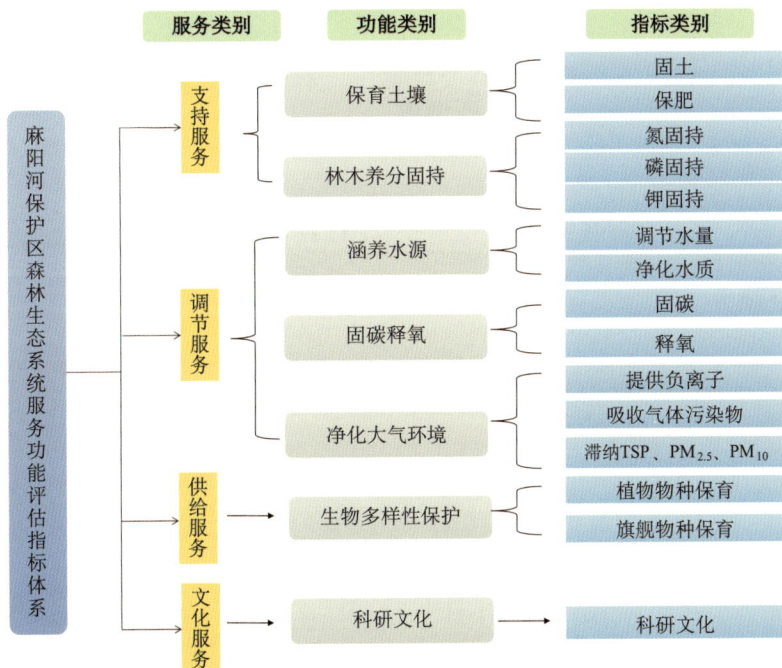

图 1-5　麻阳河保护区森林生态系统服务测算评估指标体系

三、数据来源与耦合集成

麻阳河保护区森林生态连清评估分为物质量和价值量两部分。物质量评估所需数据来源于麻阳河保护区森林生态连清数据集和麻阳河保护区2021年林地一张图数据集；价值量评估所需数据除以上两个来源外还包括社会公共数据集。

主要的数据来源包括以下三部分：

1. 麻阳河保护区森林生态连清数据集

麻阳河保护区森林生态连清数据来源包括：麻阳河保护区周边的3个森林生态站和其他专项监测的野外观测结果，其中还包括国内诸多科研院所／高校在保护区内和周边开展的科研数据。

2. 麻阳河保护区森林资源数据集

麻阳河保护区森林资源数据集：由麻阳河保护区管理局提供的2021年林地一张图数据。

3. 社会公共数据集

社会公共数据来源于我国权威机构所公布的社会公共数据，包括《中国统计年鉴》、《中国水利年鉴》、《中华人民共和国水利部水利建筑工程预算定额》、《贵州统计年鉴》、《贵州省2020年研究与试验发展（R&D）经费投入统计公报》、《2020年度贵州省科普统计报告》、《遵义统计年鉴》、《铜仁统计年鉴》、贵州省物价局网站、中国知网、中国农业信息网、国家卫健委网站、中华人民共和国环境保护税法中"环境保护税税目税额表"等。

将上述三类数据源有机地耦合集成（图1-6），应用于一系列的评估公式中，即可获得麻阳河保护区森林生态系统服务功能评估结果。

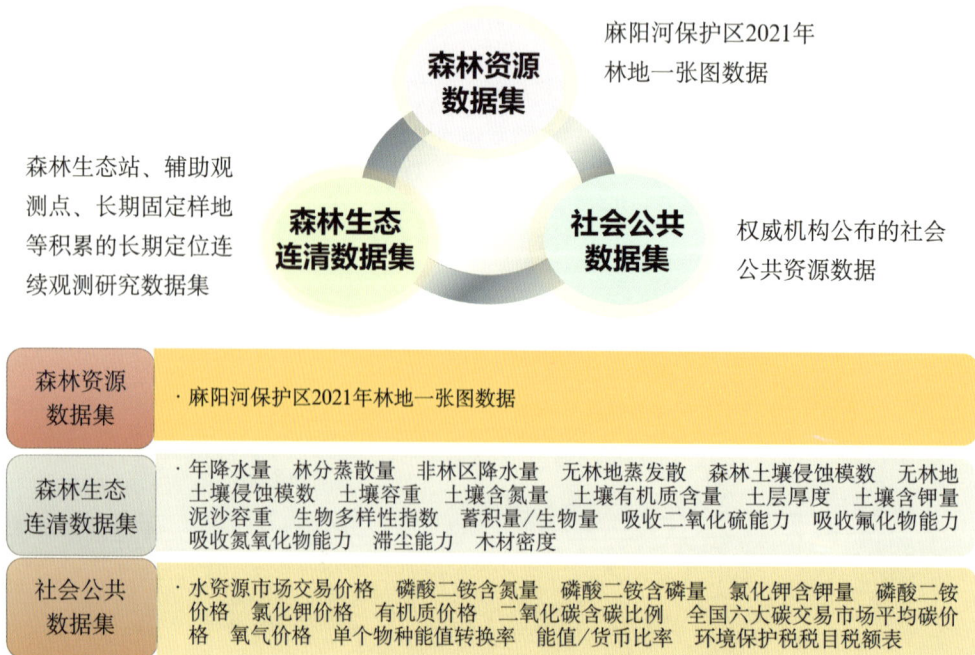

图1-6　麻阳河保护区数据源耦合集成

四、森林生态系统服务修正系数

在野外数据观测中，研究人员仅能够得到观测站点附近的实测生态数据，对于无法实地观测到的数据，则需要一种方法对已经获得的参数进行修正，因此引入了森林生态服务修正系数（forest ecosystem service correction coefficient，*FES-CC*）。*FEF-CC* 指评估林分生物量和实测林分生物量的比值，它反映森林生态服务评估区域森林的生态质量状况，还可以通过森林生态功能的变化修正森林生态服务的变化。

森林生态系统服务价值的合理测算对绿色国民经济核算具有重要意义，社会进步程度、经济发展水平、森林资源质量等对森林生态系统服务均会产生一定影响，而森林自身结构和功能状况则是体现森林生态系统服务可持续发展的基本前提。"修正"作为一种状态，表明系统各要素之间具有相对"融洽"的关系。当用现有的野外实测值不能代表同一生态单元同一目标优势树种（组）的结构或功能时，就需要采用森林生态服务修正系数客观地从生态学精度的角度反映同一优势树种（组）在同一区域的真实差异。其理论计算公式如下：

$$FES\text{-}CC = \frac{B_e}{B_o} = \frac{BEF \times V}{B_o} \tag{1-1}$$

式中：*FES-CC*——森林生态系统服务修正系数；

B_e——评估林分的单位面积生物量（千克／立方米）；

B_o——实测林分的单位面积生物量（千克／立方米）；

BEF——蓄积量与生物量的转换因子；

V——评估林分蓄积量（立方米）。

实测林分的生物量可以通过森林生态连清的实测手段来获取，而评估林分的生物量在麻阳河保护区 2021 年林地一张图结果中还没有完全统计出来。因此，通过评估林分蓄积量和生物量转换因子（*BEF*）来测算评估（方精云等，1996；Fang et al.，1998，2001）。

五、贴现率

麻阳河保护区森林生态系统服务价值量评估中，由物质量转价值量时，部分价格参数并非评估年价格参数。因此，需要使用贴现率将非评估年份价格参数换算为评估年份价格参数以计算各项功能价值量的现价。

麻阳河保护区生态系统服务功能评估中所使用的贴现率指将未来现金收益折合成现在收益的比率，贴现率是一种存贷均衡利率，利率的大小，主要根据金融市场利率来决定，其计算公式如下：

$$t = (D_r + L_r) / 2 \tag{1-2}$$

式中：*t*——存贷款均衡利率（%）；

D_r——银行的平均存款利率（%）；

L_r——银行的平均贷款利率（%）。

贴现率利用存贷款均衡利率，将非评估年份价格参数，逐年贴现至评估年的价格参数。贴现率的计算公式如下：

$$d = (1 + t_n)(1 + t_{n+1}) \cdots (1 + t_m) \tag{1-3}$$

式中：d——贴现率（%）；

t——存贷款均衡利率（%）；

n——价格参数可获得年份（年）；

m——评估年份（年）。

六、评估公式与模型包

麻阳河保护区森林生态产品核算主要从物质量和价值量两个角度开展，价值量核算是从货币化的角度进行考虑，主要采用等效替代原则，并用替代品的价格进行等效替代核算某项评估指标的价值量。同时，在具体选取替代品的价格时应遵守权重当量平衡原则，考虑计算所得的各评估指标价值量在总价值量中所占的权重，使其保证相对平衡。具体见如下评估公式与模型包。

> 等效替代法：是当前生态环境效益经济评价中最普遍采用的一种方法，是生态系统功能物质量向价值量转化的过程中，在保证某评估指标生态功能相同的前提下，将实际的、复杂的生态问题和生态过程转化为等效的、简单的、易于研究的问题和过程来估算生态系统各项功能价值量的研究和处理方法。

> 权重当量平衡原则：是指在生态系统服务功能价值量评估过程中，当选取某个替代品的价格进行等效替代核算某项评估指标的价值量时，应考虑计算所得的各评估指标价值量在总价值量中所占的权重，使其保持相对平衡。

（一）保育土壤

森林凭借庞大的树冠、深厚的枯枝落叶层及强壮且成网络的根系截留大气降水，减少或免遭雨滴对土壤表层的直接冲击，有效地固持土体，降低了地表径流对土壤的冲蚀，使土壤流失量大大降低。而且森林的生长发育及其代谢产物不断对土壤产生物理及化学影响，参与土体内部的能量转换与物质循环，使土壤肥力提高，森林凋落物是土壤养分的主要来源之

一（图1-7）。为此，本研究选用2个指标，即固土指标和保肥指标，以反映森林保育土壤功能。

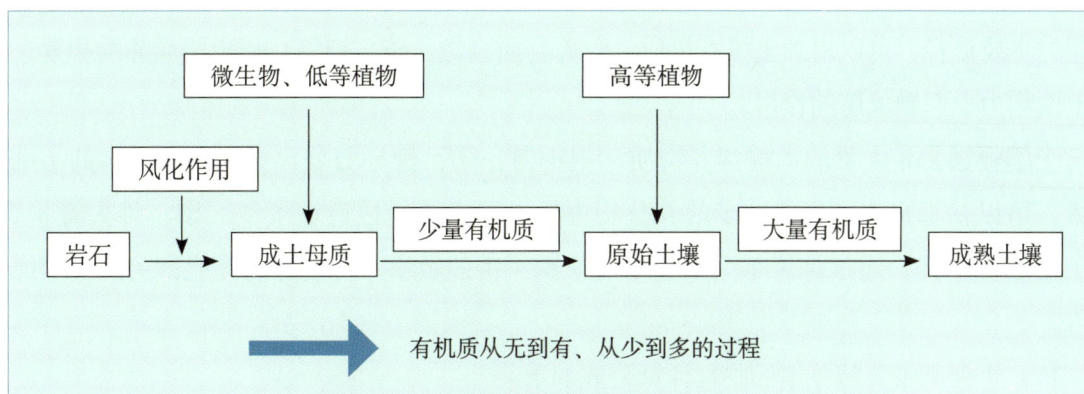

图 1-7　植被对土壤形成的作用

1. 固土指标

因为森林的固土功能是从地表土壤侵蚀程度表现出来的，所以可通过无林地土壤侵蚀程度和有林地土壤侵蚀程度之差来估算森林的保土量。该评估方法是目前国内外多数人使用并认可的。例如，日本在1972年、1978年和1991年评估森林防止土壤泥沙侵蚀效能时，都采用了有林地与无林地之间侵蚀对比方法来计算。

（1）年固土量。林分年固土量计算公式如下：

$$G_{固土} = A \times (X_2 - X_1) \times F \tag{1-4}$$

式中：$G_{固土}$——评估林分年固土量（吨/年）；

　　　X_1——实测林分有林地土壤侵蚀模数 [吨/（公顷·年）]；

　　　X_2——无林地土壤侵蚀模数 [吨/（公顷·年）]；

　　　A——林分面积（公顷）；

　　　F——森林生态系统服务修正系数。

（2）年固土价值。由于土壤侵蚀流失的泥沙淤积于水库中，减少了水库蓄积水的体积，因此本研究根据蓄水成本（替代工程法）计算林分年固土价值，计算公式如下：

$$U_{固土} = C_{固土} \times C_{土} / \rho \tag{1-5}$$

式中：$U_{固土}$——评估林分年固土价值（元/年）；

　　　$G_{固土}$——评估林分年固土量（吨/年）；

　　　$C_{土}$——挖取和运输单位体积土方所需费用（元/立方米）；

　　　ρ——土壤容重（克/立方厘米）。

2. 保肥指标

林木的根系可以改善土壤结构、孔隙度和通透性等物理性状，有助于土壤形成团粒结构。在养分循环过程中，枯枝落叶层不仅减小了降水的冲刷和径流，而且还是森林生态系统归还的主要途径，可以增加土壤有机质、营养物质（氮、磷、钾等）和土壤碳库的积累，提高土壤肥力，起到保肥的作用。

土壤侵蚀带走大量的土壤营养物质，根据氮、磷、钾等养分含量和森林减少的土壤损失量，可以估算出森林每年减少的养分损失量。因土壤侵蚀造成了氮、磷、钾大量损失，使土壤肥力下降，通过计算年固土量中氮、磷、钾的数量，再换算为化肥即为森林年保肥价值。

（1）年保肥量。林分年保肥量计算公式如下：

$$G_N = A \times N \times (X_2 - X_1) \times F \tag{1-6}$$

$$G_P = A \times P \times (X_2 - X_1) \times F \tag{1-7}$$

$$G_K = A \times K \times (X_2 - X_1) \times F \tag{1-8}$$

$$G_{有机质} = A \times M \times (X_2 - X_1) \times F \tag{1-9}$$

式中：G_N——评估林分固持土壤而减少的氮流失量（吨/年）；

G_P——评估林分固持土壤而减少的磷流失量（吨/年）；

G_K——评估林分固持土壤而减少的钾流失量（吨/年）；

$G_{有机质}$——评估林分固持土壤而减少的有机质流失量（吨/年）；

X_1——实测林分有林地土壤侵蚀模数［吨/（公顷·年）］；

X_2——无林地土壤侵蚀模数［吨/（公顷·年）］；

N——实测林分中土壤含氮量（%）；

P——实测林分中土壤含磷量（%）；

K——实测林分中土壤含钾量（%）；

M——实测林分中土壤含有机质量（%）；

A——林分面积（公顷）；

F——森林生态系统服务修正系数。

（2）年保肥价值。年固土量中氮、磷、钾的数量换算成化肥即为林分年保肥价值。本研究的林分年保肥价值以固土量中的氮、磷、钾数量折合成磷酸二铵化肥和氯化钾化肥的价值来体现。计算公式如下：

$$U_{肥} = G_N \times C_1/R_1 + G_P \times C_1/R_2 + G_K \times C_2/R_3 + G_{有机质} \times C_3 \tag{1-10}$$

式中：$U_{肥}$——评估林分年保肥价值（元/年）；

G_N——评估林分固持土壤而减少的氮流失量（吨／年）；

G_P——评估林分固持土壤而减少的磷流失量（吨／年）；

G_K——评估林分固持土壤而减少的钾流失量（吨／年）；

$G_{有机质}$——评估林分固持土壤而减少的有机质流失量（吨／年）；

R_1——磷酸二铵化肥含氮量（%）；

R_2——磷酸二铵化肥含磷量（%）；

R_3——氯化钾化肥含钾量（%）；

C_1——磷酸二铵化肥价格（元／吨）；

C_2——氯化钾化肥价格（元／吨）；

C_3——有机质价格（元／吨）。

（二）林木养分固持

有学者认为"生物从土壤、大气、降水中获得必需的营养元素，构成生物体。生态系统的所有生物体内贮存着各种营养元素，并通过元素循环，促使生物与非生物环境之间的元素变换，维持生态过程"。有研究指出"森林生态系统在其生长过程中不断从周围环境吸收营养元素，固定在植物体中"。本研究综合了在以上两个定义的基础上，认为"积累营养物质指森林植物通过生化反应，在土壤、大气、降水中吸收氮、磷、钾等营养物质并贮存在体内各营养器官的功能"。

这里所要测算的营养物质氮、磷、钾含量与前面述及的森林生态系统保育土壤功能中保肥的氮、磷、钾有所不同，前者是被森林植被吸收进植物体内的营养物质，后者是森林生态系统中林下土壤里所含的营养物质。因此，在测算过程中将二者区分开来分别计量。

森林植被在生长过程中每年从土壤或空气中要吸收大量营养物质，如氮、磷、钾等，并贮存在植物体中。考虑到指标操作的可行性，本研究主要考虑氮、磷、钾3种主要营养元素的含量。在计算森林营养物质积累量时，以氮、磷、钾在植物体中的百分含量为依据，再结合麻阳河保护区森林资源调查数据及森林净生产力数据计算出麻阳河保护区森林生态系统年固定氮、磷、钾的总量。国内很多研究均采用了这种方法。

1. 年林木养分固持量

林木固持氮、磷、钾量计算公式如下：

$$G_{氮}=A \times N_{营养} \times B_{年} \times F \tag{1-11}$$

$$G_{磷}=A \times P_{营养} \times B_{年} \times F \tag{1-12}$$

$$G_{钾}=A \times K_{营养} \times B_{年} \times F \tag{1-13}$$

式中：$G_{氮}$——评估林分年氮固持量（吨／年）；

　　　$G_{磷}$——评估林分年磷固持量（吨／年）；

$G_{钾}$——评估林分年钾固持量（吨／年）；

$N_{营养}$——实测林木氮元素含量（%）；

$P_{营养}$——实测林木磷元素含量（%）；

$K_{营养}$——实测林木钾元素含量（%）；

$B_{年}$——实测林分净生产力［吨／（公顷·年）］；

A——林分面积（公顷）；

F——森林生态系统服务修正系数。

2. 年林木养分固持价值

采取把营养物质折合成磷酸二铵化肥和氯化钾化肥方法计算林木养分固持价值，计算公式如下：

$$U_{氮}=G_{氮} \times C_1 \tag{1-14}$$

$$U_{磷}=G_{磷} \times C_1 \tag{1-15}$$

$$U_{钾}=G_{钾} \times C_2 \tag{1-16}$$

式中：$U_{氮}$——评估林分氮固持价值（元／年）；

$U_{磷}$——评估林分磷固持价值（元／年）；

$U_{钾}$——评估林分钾固持价值（元／年）；

$G_{氮}$——评估林分年氮固持量（吨／年）；

$G_{磷}$——评估林分年磷固持量（吨／年）；

$G_{钾}$——评估林分年钾固持量（吨／年）；

C_1——磷酸二铵化肥价格（元／吨）；

C_2——氯化钾化肥价格（元／吨，见附表）。

（三）涵养水源

森林涵养水源功能主要是指森林对降水的截留、吸收和贮存，将地表水转为地表径流或地下水的作用（图1-8）。主要功能表现在增加可利用水资源、净化水质和调节径流3个方面。本研究选定2个指标，即调节水量指标和净化水质指标，以反映森林的涵养水源功能。

1. 调节水量指标

（1）年调节水量。森林生态系统年调节水量计算公式如下：

$$G_{调}=10A \times (P-E-C) \times F \tag{1-17}$$

式中：$G_{调}$——评估林分年调节水量（立方米／年）；

P——实测林外降水量（毫米／年）；

E——实测林分蒸散量（毫米／年）；

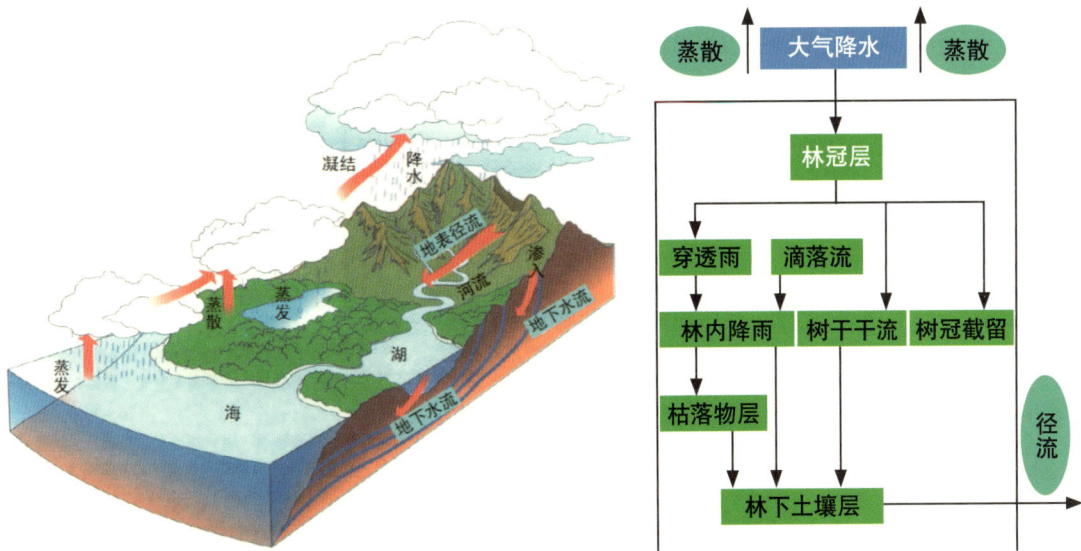

图 1-8　全球水循环及森林对降水的再分配示意

C——实测林分地表快速径流量（毫米／年）；

A——林分面积（公顷）；

F——森林生态系统服务修正系数。

（2）年调节水量价值。由于森林对水量主要起调节作用，与水库的功能相似。因此，本研究中森林生态系统调节水量价值依据水库工程的蓄水成本（替代工程法）来确定，采用如下公式计算：

$$U_{调}=G_{调} \times C_{库} \qquad (1-18)$$

式中：$U_{调}$——评估林分年调节水量价值（元／年）；

　　　$G_{调}$——评估林分年调节水量（立方米／年）；

　　　$C_{库}$——水资源市场交易价格（元／立方米）。

2. 净化水质指标

净化水质包括净化水量和净化水质价值两个方面。

（1）年净化水量。森林生态系统年净化水量采用年调节水量的计算公式如下：

$$G_{净}=10A \times (P-E-C) \times F \qquad (1-19)$$

式中：$G_{净}$——评估林分年净化水量（立方米／年）；

　　　P——实测林外降水量（毫米／年）；

　　　E——实测林分蒸散量（毫米／年）；

　　　C——实测林分地表快速径流量（毫米／年）；

A——林分面积（公顷）；

F——森林生态系统服务修正系数。

（2）年净化水质价值。森林生态系统年净化水质价值根据麻阳河保护区水污染物应纳税额计算。计算公式如下：

$$U_净=G_净\times K_水 \tag{1-20}$$

式中：$U_净$——评估林分净化水质价值（元/年）；

$G_净$——评估林分年净化水量（立方米/年）；

$K_水$——水的净化费用（元/年）。

（四）固碳释氧

森林与大气的物质交换主要是二氧化碳与氧气的交换，即森林固定并减少大气中的二氧化碳和提高并增加大气中的氧气（图1-9），这对维持大气中的二氧化碳和氧气动态平衡、减少温室效应以及为人类提供生存的基础都有巨大和不可替代的作用（Wang et al., 2013）。为此，本研究选用固碳、释氧2个指标反映森林生态系统固碳释氧功能。根据光合作用化学反应式，森林植被每积累1.00克干物质，可以吸收（固定）1.63克二氧化碳，释放1.19克氧气。

图1-9　森林生态系统固碳释氧作用

1. 固碳指标

（1）植被和土壤年固碳量。计算公式如下：

$$G_碳=G_{植被固碳}+G_{土壤固碳} \tag{1-21}$$

$$G_{植被固碳} = 1.63 R_{碳} \times A \times B_{年} \times F \tag{1-22}$$

$$G_{土壤固碳} = A \times S_{土壤碳} \times F \tag{1-23}$$

式中：$G_{碳}$——评估林分生态系统年固碳量（吨/年）；

$\quad\quad$ $G_{植被固碳}$——评估林分年固碳量（吨/年）；

$\quad\quad$ $G_{土壤固碳}$——评估林分年固碳量（吨/年）；

$\quad\quad$ $R_{碳}$——二氧化碳中碳的含量，为27.27%；

$\quad\quad$ $B_{年}$——实测林分净生产力［吨/（公顷·年）］；

$\quad\quad$ $S_{土壤碳}$——单位面积实测林分土壤的固碳量［吨/（公顷·年）］；

$\quad\quad$ A——林分面积（公顷）；

$\quad\quad$ F——森林生态系统服务修正系数。

公式计算得出森林的潜在年固碳量，再从其中减去由于森林年采伐造成的生物量移出从而损失的碳量，即为森林的实际年固碳量。

（2）年固碳价值。林分植被和土壤年固碳价值的计算公式如下：

$$U_{碳} = G_{碳} \times C_{碳} \tag{1-24}$$

式中：$U_{碳}$——评估林分年固碳价值（元/年）；

$\quad\quad$ $C_{碳}$——固碳价格（元/吨）。

公式得出森林的潜在年固碳价值，再从其中减去由于森林年采伐消耗量造成的碳损失，即为森林的实际年固碳价值。

2. 释氧指标

（1）年释氧量。计算公式如下：

$$G_{氧气} = 1.19 A \times B_{年} \times F \tag{1-25}$$

式中：$G_{氧气}$——评估林分年释氧量（吨/年）；

$\quad\quad$ $B_{年}$——实测林分净生产力［吨/（公顷·年）］；

$\quad\quad$ A——林分面积（公顷）；

$\quad\quad$ F——森林生态系统服务修正系数。

（2）年释氧价值。因为价值量的评估属经济的范畴，是市场化、货币化的体现，因此本研究采用国家权威部门公布的氧气商品价格计算森林的年释氧价值。计算公式如下：

$$U_{氧} = G_{氧} \times C_{氧} \tag{1-26}$$

式中：$U_{氧}$——评估林分年释氧气价值（元/年）；

$G_氧$——评估林分年释氧量（吨／年）；

$C_氧$——制造氧气的价格（元／吨）。

（五）净化大气环境功能

空气质量状况是民众和政府部门的关注焦点，大气颗粒物（如 PM_{10}、$PM_{2.5}$）被认为是造成雾霾天气的罪魁出现在人们的视野中。如何控制大气污染、改善空气质量成为科学研究的热点。

森林能有效吸收有害气体、吸滞粉尘、降低噪音、提供负离子等，从而起到净化大气作用（图 1-10）。为此，本研究选取提供负离子、吸收气体污染物（二氧化硫、氟化物和氮氧化物）、滞尘、滞纳 PM_{10} 和 $PM_{2.5}$ 等 7 个指标反映森林净化大气环境能力。

> 森林提供负氧离子：指森林的树冠、枝叶的尖端放电以及光合作用过程的光电效应促使空气电解，产生空气负离子，同时森林植被释放的挥发性物质如植物精气（又叫芬多精）等也能促使空气电离，增加空气负离子浓度。

> 森林滞纳空气颗粒物：指由于森林增加地表粗糙度，降低风速从而提高空气颗粒物的沉降几率，同时，植物叶片结构特征的理化特性为颗粒物的附着提供了有利的条件；此外，枝、叶、茎还能够通过气孔和皮孔滞纳空气颗粒物。

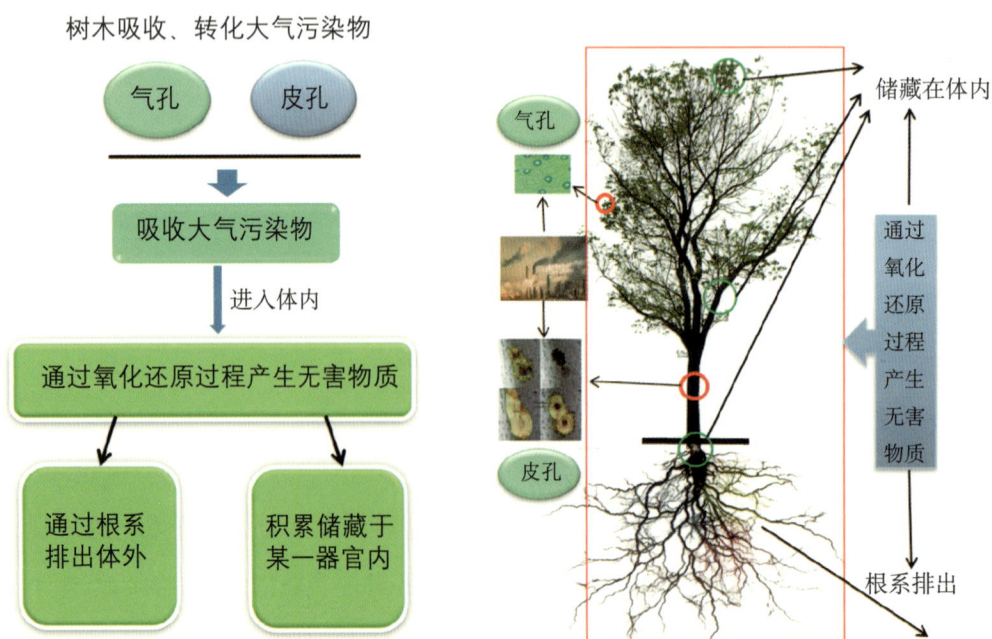

图 1-10 树木吸收空气污染物示意

1. 提供负离子指标

(1) 年提供负离子量。计算公式如下：

$$G_{\text{负离子}}=5.256\times10^{15}\times Q_{\text{负离子}}\times A\times H\times F/L \tag{1-27}$$

式中：$G_{\text{负离子}}$——评估林分年提供负离子个数（个 / 年）；

$\quad\quad Q_{\text{负离子}}$——实测林分负离子浓度（个 / 立方厘米）；

$\quad\quad H$——实测林分高度（米）；

$\quad\quad L$——负离子寿命（分钟）；

$\quad\quad A$——林分面积（公顷）；

$\quad\quad F$——森林生态系统服务修正系数。

(2) 年提供负离子价值。国内外研究证明，当空气中负离子达到 600 个 / 立方厘米以上时，才能有益人体健康，所以林分年提供负离子价值计算公式如下：

$$U_{\text{负离子}}=5.256\times10^{15}\times A\times H\times K_{\text{负离子}}\left(Q_{\text{负离子}}-600\right)\times F\times d/L \tag{1-28}$$

式中：$U_{\text{负离子}}$——评估林分年提供负离子价值（元 / 年）；

$\quad\quad K_{\text{负离子}}$——负离子生产费用（元 /$10^{18}$ 个）；

$\quad\quad Q_{\text{负离子}}$——实测林分负离子浓度（个 / 立方厘米）；

$\quad\quad L$——负离子寿命（分钟）；

$\quad\quad H$——实测林分高度（米）；

$\quad\quad A$——林分面积（公顷）；

$\quad\quad F$——森林生态系统服务修正系数；

$\quad\quad d$——贴现率（%）。

2. 吸收污染物指标

二氧化硫、氟化物和氮氧化物是大气污染物的主要物质（图 1-11）。因此，本研究选取森林吸收二氧化硫、氟化物和氮氧化物 3 个指标核算森林吸收污染物的能力。森林对二氧化硫、氟化物和氮氧化物的吸收，可使用面积—吸收能力法、阈值法、叶干质量估算法等，本研究采用面积－吸收能力法核算森林吸收污染物的总量，采用应税污染物法核算价值量。

(1) 吸收二氧化硫。主要计算林分年吸收二氧化硫的物质量和价值量。

① 林分年吸收二氧化硫量计算公式如下：

$$G_{\text{二氧化硫}}=Q_{\text{二氧化硫}}\times A\times F/1000 \tag{1-29}$$

式中：$G_{\text{二氧化硫}}$——评估林分年吸收二氧化硫量（吨 / 年）；

$\quad\quad Q_{\text{二氧化硫}}$——单位面积实测林分吸收二氧化硫量 [千克 /（公顷·年）]；

A——林分面积（公顷）；

F——森林生态系统服务修正系数。

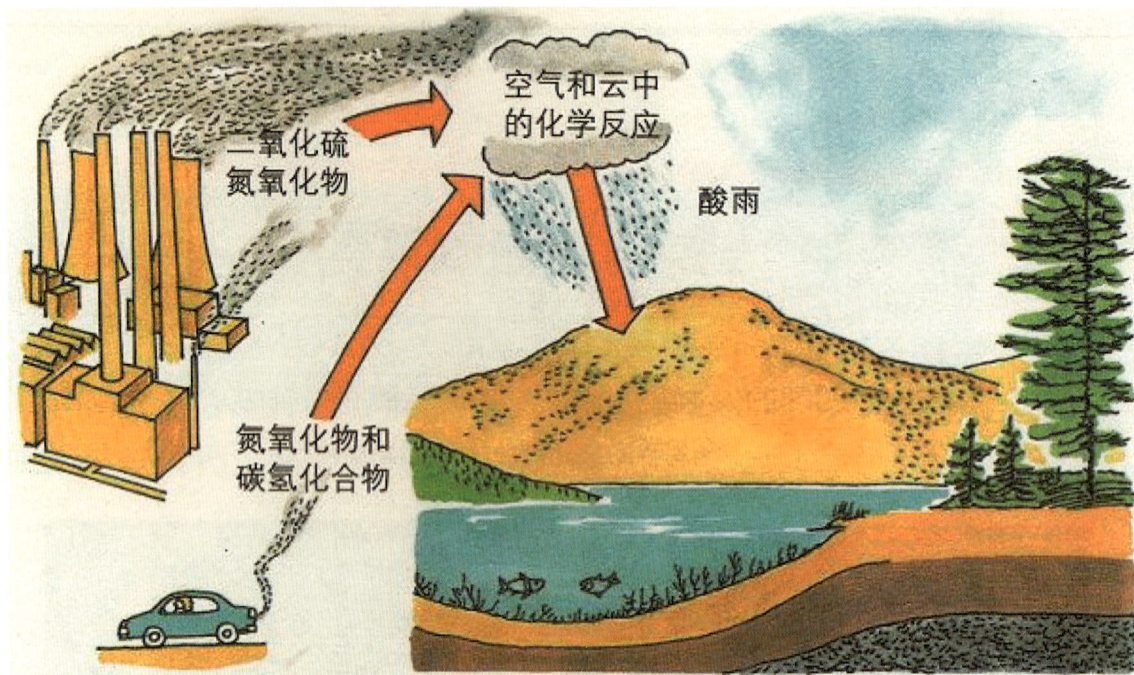

图 1-11　污染气体的来源及危害

②林分年吸收二氧化硫价值计算公式如下：

$$U_{二氧化硫}=G_{二氧化硫} \times K_{二氧化硫} \tag{1-30}$$

式中：$U_{二氧化硫}$——评估林分年吸收二氧化硫价值（元／年）；

　　　$G_{二氧化硫}$——评估林分年吸收二氧化硫量（吨／年）；

　　　$K_{二氧化硫}$——二氧化硫的治理费用（元／千克）。

（2）吸收氟化物。

①林分年吸收氟化物量计算公式如下：

$$G_{氟化物}=Q_{氟化物} \times A \times F/1000 \tag{1-31}$$

式中：$G_{氟化物}$——评估林分年吸收氟化物量（吨／年）；

　　　$Q_{氟化物}$——单位面积实测林分年吸收氟化物量［千克／（公顷·年）］；

　　　A——林分面积（公顷）；

　　　F——森林生态系统服务修正系数。

②林分年吸收氟化物价值计算公式如下：

$$U_{氟化物} = G_{氟化物} \times K_{氟化物} \tag{1-32}$$

式中：$U_{氟化物}$——评估林分年吸收氟化物价值（元／年）；

　　　$G_{氟化物}$——评估林分年吸收氟化物量（吨／年）；

　　　$K_{氟化物}$——氟化物治理费用（元／千克）。

（3）吸收氮氧化物。

①林分年氮氧化物吸收量计算公式如下：

$$G_{氮氧化物} = Q_{氮氧化物} \times A \times F / 1000 \tag{1-33}$$

式中：$G_{氮氧化物}$——评估林分年吸收氮氧化物量（吨／年）；

　　　$Q_{氮氧化物}$——单位面积实测林分年吸收氮氧化物量［千克／（公顷·年）］；

　　　A——林分面积（公顷）；

　　　F——森林生态系统服务修正系数。

②林分年吸收氮氧化物价值计算公式如下：

$$U_{氮氧化物} = G_{氮氧化物} \times K_{氮氧化物} \tag{1-34}$$

式中：$U_{氮氧化物}$——评估林分年吸收氮氧化物价值（元／年）；

　　　$G_{氮氧化物}$——单位面积实测林分年吸收氮氧化物量［千克／（公顷·年）］；

　　　$K_{氮氧化物}$——氮氧化物污染当量值（千克）。

3. 滞尘指标

森林有阻挡、过滤和吸附粉尘的作用，可提高空气质量。因此滞尘功能是森林生态系统重要的服务功能之一。鉴于近年来人们对 PM_{10} 和 $PM_{2.5}$（图1-12）的关注，本研究在评估总滞尘量及其价值的基础上，将 PM_{10} 和 $PM_{2.5}$ 从总滞尘量中分离出来进行了单独的物质量和价值量评估。

（1）年总滞纳 TSP 量。计算公式如下：

$$G_{TSP} = Q_{TSP} \times A \times F / 1000 \tag{1-35}$$

式中：G_{TSP}——评估林分年潜在滞纳 TSP（总悬浮颗粒物）量（吨／年）；

　　　Q_{TSP}——实测林分单位面积年滞滞纳 TSP 量［千克／（公顷·年）］；

　　　A——林分面积（公顷）；

　　　F——森林生态系统服务修正系数。

（2）年滞尘价值。

本研究用应税污染物法计算林分滞纳 PM_{10} 和 $PM_{2.5}$ 的价值。其中，PM_{10} 和 $PM_{2.5}$ 采用

炭黑尘（粒径 0.4 ~ 1 微米）（图 1-12）污染当量值结合应税额度进行核算。林分滞纳其余颗粒物的价值一般性粉尘（粒径 < 75 微米）污染当量值结合应税额度进行核算。

年滞尘价值计算公式如下：

$$U_{滞尘} = \left(G_{TSP} - G_{PM_{10}} - G_{PM_{2.5}}\right) \times K_{TSP} + U_{PM_{10}} + U_{PM_{2.5}} \tag{1-36}$$

式中：$U_{滞尘}$——评估林分年潜在滞尘价值（元 / 年）；

G_{TSP}——评估林分年潜在滞纳 TSP（总悬浮颗粒物）量（吨 / 年）；

$G_{PM_{2.5}}$——评估林分年潜在滞纳 $PM_{2.5}$ 的量（千克 / 年）；

$G_{PM_{10}}$——评估林分年潜在滞纳 PM_{10} 的量（千克 / 年）；

$N_{一般性粉尘}$——一般性粉尘污染当量值（千克）；

$U_{PM_{10}}$——评估林分年滞纳 PM_{10} 的价值（元 / 年）；

$U_{PM_{2.5}}$——评估林分年滞纳 $PM_{2.5}$ 的价值（元 / 年）；

$Q_{PM_{2.5}}$——单位面积实测林分年滞纳 $PM_{2.5}$ 量 [千克 /（公顷·年)]。

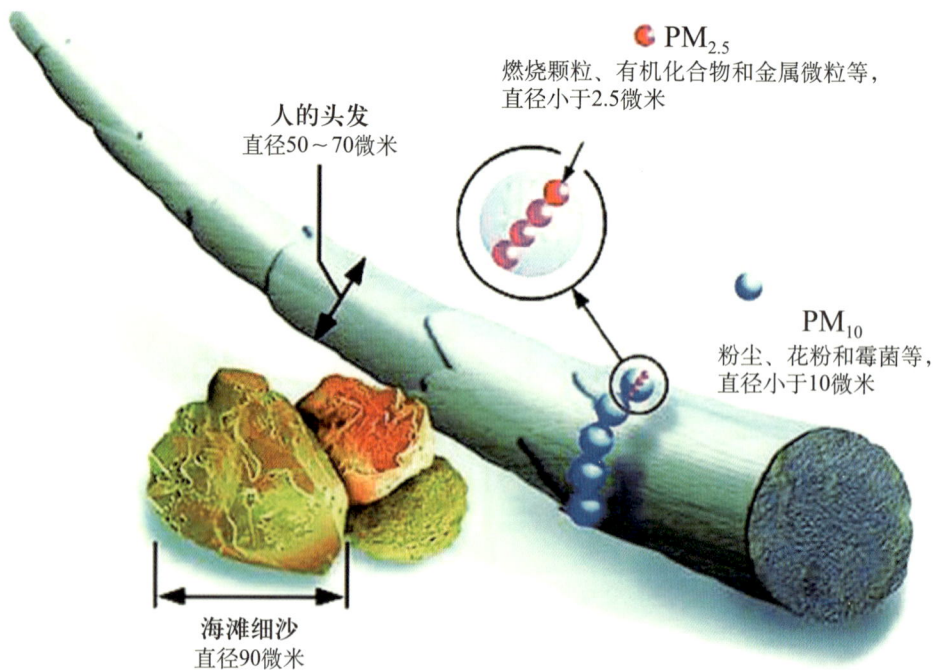

图 1-12　$PM_{2.5}$ 和 PM_{10} 颗粒直径示意

4. 滞纳 $PM_{2.5}$

（1）年滞纳 $PM_{2.5}$ 量。计算公式如下：

$$G_{PM_{2.5}} = 10 \times Q_{PM_{2.5}} \times A \times n \times F \times LAI \tag{1-37}$$

式中：$G_{PM_{2.5}}$——评估林分年潜在滞纳 $PM_{2.5}$（直径 ≤ 2.5 微米的可吸入颗粒物）的量（千

克/年）；

$Q_{PM_{2.5}}$——实测林分单位叶面积滞纳 $PM_{2.5}$ 量（克/平方米）；

A——林分面积（公顷）；

n——年洗脱次数（次）；

LAI——叶面积指数；

F——森林生态系统服务修正系数。

（2）年滞纳 $PM_{2.5}$ 价值。计算公式如下：

$$U_{PM_{2.5}}=G_{PM_{2.5}} \times C_{PM_{2.5}} \qquad (1\text{-}38)$$

式中：$U_{PM_{2.5}}$——评估林分年滞纳 $PM_{2.5}$ 价值（元/年）；

$G_{PM_{2.5}}$——评估林分年潜在滞纳 $PM_{2.5}$ 的量（千克/年）；

$C_{PM_{2.5}}$——税额（元）。

5. 滞纳 PM_{10}

（1）年滞纳 PM_{10} 量。计算公式如下：

$$G_{PM_{10}}=10 \times Q_{PM_{10}} \times A \times n \times F \times LAI \qquad (1\text{-}39)$$

式中：$G_{PM_{10}}$——评估林分年潜在滞纳 PM_{10}（直径 ≤ 10 微米的可吸入颗粒物）量（千克/年）；

$Q_{PM_{10}}$——实测林分单位叶面积滞纳 PM_{10} 量（克/平方米）；

A——林分面积（公顷）；

F——森林生态系统服务修正系数；

n——年洗脱次数（次）；

LAI——叶面积指数。

（2）年滞纳 PM_{10} 价值。计算公式如下：

$$U_{PM_{10}}=G_{PM_{10}} \times C_{PM_{10}} \qquad (1\text{-}40)$$

式中：$U_{PM_{10}}$——评估林分年滞纳 PM_{10} 价值（元/年）；

$G_{PM_{10}}$——实测林分年潜在滞纳 PM_{10} 量（千克/年）；

$C_{PM_{10}}$——税额（元）。

（六）生物多样性保护价值

1. 植物物种保育价值

生物多样性维护了自然界的生态平衡，并为人类的生存提供了良好的环境条件。生物多样性是生态系统不可缺少的组成部分，对生态系统服务的发挥具有十分重要的作用。Shannon-Wiener 指数是反映森林中物种的丰富度和分布均匀程度的经典指标，其生态学意义

可以理解为：种数一定的总体，各种间数量分布均匀时，多样性最高；两个物种个体数量分布均匀的总体，物种数目越多，多样性越高。

由于人类人口迅猛增长以及伴随而来的自然栖息地的破坏、对生物资源的过度开发利用、环境污染、外来种的引入等，使得大量物种的生存受到不同程度的威胁甚至濒于灭绝的危险境地。濒危物种同样是生物多样性的重要组成部分，加强濒危物种的保护对于促进生物多样性的保育具有重要意义。所以，在对物种多样性保育价值评估时，濒危指数是不可或缺的重要部分，有利于进一步强调物种多样性的保育价值，尤其是濒危物种方面的保育价值。

由于植物种群在遗传特性和自然条件方面存在有异质性，种群遗传特性指的是基因突变、错位、多倍体及自然杂交等，生境包括当地的气候、土壤、地貌的多样性，因此便出现了特有科、特有属和特有种植物，使得每个植物区系或某个植物分布区域内的生物多样性存在特殊性。植物特有种的研究对于生物多样性的保护以及揭示植物物种的形成机制也起着重要的作用。由于特有种是生物多样性的依据，多样性是特有种现象的体现，所以，森林生态系统物种多样性保育价值评估时，特有种现象是其中一个重要指标（王兵等，2012）。

古树名木是历史与文化的象征，是绿色文化，活的化石，是自然界和前人留给后辈的宝贵财富，同时它也是其所在地区生物多样性的一个重要体现，在森林生态系统物种多样性保育价值评估时，古树年龄指数也是其中的一个重要指标。

因此，传统 Shannon-Wiener 指数对生物多样性保护等级的界定不够全面。本研究增加濒危指数（表1-2）、特有种指数（表1-3）以及古树年龄指数（表1-4）对生物多样性保育价值进行核算。

修正后的植物物种保育功能核算公式如下：

$$U_{总} = \left(1 + 0.1\sum_{m=1}^{x} E_m + 0.1\sum_{n=1}^{y} B_n + 0.1\sum_{r=1}^{z} O_r\right) \times S_{生} \times A \tag{1-41}$$

式中：$U_{总}$——评估林分年生物多样性保护价值（元/年）；

E_m——评估林分或区域内物种 m 的濒危指数（表1-2）；

B_n——评估林分或区域内物种 n 的特有种指数（表1-3）；

O_r——评估林分或区域内物种 r 的古树年龄指数（表1-4）；

x——计算珍稀濒危指数物种数量；

y——计算特有种物种数量；

z——计算古树物种数量；

$S_{生}$——单位面积物种资源保育价值[元/（公顷·年）]；

A——林分面积（公顷）。

本研究根据 Shannon-Wiener 指数计算植物物种保育价值，共划分 7 个等级：

当指数＜1时，$S_\text{生}$为3000 [元/（公顷·年）]；

当1≤指数＜2时，$S_\text{生}$为5000 [元/（公顷·年）]；

当2≤指数＜3时，$S_\text{生}$为10000 [元/（公顷·年）]；

当3≤指数＜4时，$S_\text{生}$为20000 [元/（公顷·年）]；

当4≤指数＜5时，$S_\text{生}$为30000 [元/（公顷·年）]；

当5≤指数＜6时，$S_\text{生}$为40000 [元/（公顷·年）]；

当指数≥6时，$S_\text{生}$为50000 [元/（公顷·年）]。

表1-2　物种濒危指数体系

濒危指数	濒危等级	物种种类
4	极危	参见《中国物种红色名录》第一卷：红色名录
3	濒危	
2	易危	
1	近危	

表1-3　特有种指数体系

特有种指数	分布范围
4	仅限于范围不大的山峰或特殊的自然地理环境下分布
3	仅限于某些较大的自然地理环境下分布的类群，如仅分布于较大的海岛（岛屿）、高原、若干个山脉等
2	仅限于某个大陆分布的分类群
1	至少在2个大陆都有分布的分类群
0	世界广布的分类群

注：参见《植物特有现象的量化》（苏志尧，1999）。

表1-4　古树年龄指数体系

古树年龄	指数等级	来源及依据
100～299年	1	参见全国绿化委员会、国家林业局文件《关于开展古树名木普查建档工作的通知》
300～499年	2	
≥500年	3	

2. 旗舰动物物种保育价值

野生动物是重要的自然资源，在人类社会发展中为人类提供了基本的食物、毛皮、药材、观赏等具有传统市场价值的商品，提供了教育科研等服务功能。同时，野生动物对生态

系统的能量流和物质循环的维持起着重要作用，其生态服务功能极其重要。它的生态价值主要体现在维持生态平衡和食物链的完整，如调节物质循环价值、种子传播价值、改善土壤价值和净化环境价值等，以及保持生物多样性（包含遗传多样性、物种多样性和生态系统多样性）。

本研究在 Odum 提出的能值理论基础上改进了受威胁和濒危物种价值评估方法，整个运算流程如下：首先，计算单个物种能值转换率，能值单位用太阳能焦耳（solar emjoules）单位表示，缩写 sej；其次，构建不同濒危等级指数评估模型，并采用逐级分类筛选方式解决重复性计算问题；最后，通过社会经济环境系统的能值分析指标体系，计算中国能值／货币比率，从而得到不同濒危等级物种的能值货币价值。

$$U= (1+0.1\sum_{x=1}^{x} E_m+0.1\sum_{y=1}^{y} B_n) \times (x+y) \times \frac{\gamma}{EMR} \times Z \tag{1-42}$$

式中：U——特有物种、濒危和受威胁旗舰动物物种保育价值（元／年）；

　　　E_m——评估区域内物种 m 的濒危指数（表 1-2）；

　　　B_n——评估区域内物种 n 的特有种指数（表 1-3）；

　　　x——纳入计算的濒危指数物种数；

　　　y——纳入计算的中国特有种指数物种数；

　　　γ——单个物种能值转换率（sej/ 种）；

　　　EMR——全国的能值／货币比率〔(sej/¥)／年〕（表 1-5）；

　　　Z——特定区域内某种物种个体数量占全国同类个体数量的比重（%）。

在地球生物圈 2×10^9 年的地质进化历史中有 1.5×10^9 个物种形成，应用 Brown 等 2010 年的年地球生物圈能值基准值（15.2×10^{24} sej/ 年），并以单个物种分布面积占地球表面积修正得到单个物种能值转换率，计算公式如下：

$$\gamma=\frac{E_b}{\frac{\mu}{\sigma}} \times \theta \tag{1-43}$$

式中：γ——单个物种的能值转换率（sej/ 种）；

　　　E_b——地球生物圈年能值基准值（sej/ 年）；

　　　μ——历史中物种形成数量（种）；

　　　σ——地质年代的时间（年）；

　　　θ——物种分布面积占地球表面积的比例（%）。

表 1-5　中国社会、经济和环境系统能值表（2010 年）

类别	项目	单位	2020年实际值	能值转换率	太阳能值
可更新能源	太阳能	焦耳	5.97×10^{22}	1	0.60×10^{23}

（续）

类别	项目	单位	2020年实际值	能值转换率	太阳能值
可更新能源	雨水化学能	焦耳	3.03×10^{19}	1.54×10^{4}	4.67×10^{23}
	雨水势能	焦耳	8.86×10^{19}	8.89×10^{3}	7.88×10^{23}
	风能	焦耳	5.84×10^{19}	6.63×10^{2}	0.39×10^{23}
	地球循环能	焦耳	1.39×10^{19}	2.90×10^{4}	4.03×10^{23}
可更新资源产品	水力发电	千瓦·时	13.04×10^{3}	4.00×10^{4}	1.53×10^{23}
	林产品	$\times 10^{4}$吨	8.76×10^{2}	3.49×10^{4}	0.04×10^{23}
	农产品	$\times 10^{4}$吨			
	稻谷	$\times 10^{4}$吨	2.12×10^{4}	3.59×10^{4}	0.09×10^{23}
	小麦	$\times 10^{4}$吨	1.34×10^{4}	6.80×10^{4}	0.21×10^{23}
	玉米	$\times 10^{4}$吨	2.61×10^{4}	8.52×10^{6}	81.25×10^{23}
	豆类	$\times 10^{4}$吨	2.29×10^{23}	8.30×10^{4}	0.01×10^{23}
	油料	$\times 10^{4}$吨	3.56×10^{3}	6.90×10^{5}	5.32×10^{23}
	蔬菜	$\times 10^{4}$吨	11.97×10^{2}	5.30×10^{5}	0.53×10^{23}
	水果	$\times 10^{4}$吨	2.87×10^{4}	5.30×10^{4}	0.08×10^{23}
	其他	$\times 10^{4}$吨	2.57×10^{4}	2.37×10^{4}	0.20×10^{23}
	畜牧品	$\times 10^{4}$吨			
	肉类	$\times 10^{4}$吨	7.75×10^{3}	2.00×10^{6}	3.94×10^{23}
	奶类	$\times 10^{4}$吨	3.53×10^{3}	1.71×10^{6}	0.42×10^{23}
	禽蛋	$\times 10^{4}$吨	3.47×10^{3}	2.00×10^{6}	1.18×10^{23}
	羊毛	$\times 10^{4}$吨	3.57×10^{1}	4.40×10^{6}	0.24×10^{21}
	其他	$\times 10^{4}$吨	1.53	2.00×10^{6}	0.40×10^{20}
	水产品	$\times 10^{4}$吨	6.55×10^{3}	2.00×10^{6}	1.41×10^{23}
不可更新资源产品与消耗	原煤	$\times 10^{4}$吨	3.9×10^{5}	3.98×10^{4}	45.38×10^{23}
	石油	$\times 10^{4}$吨	6.45×10^{4}	5.30×10^{4}	14.74×10^{23}
	天然气	$\times 10^{4}$吨标准煤	4.18×10^{4}	4.80×10^{4}	5.88×10^{23}
	水力发电	$\times 10^{4}$吨标准煤	3.18×10^{4}	1.59×10^{5}	14.85×10^{23}
	钢铁	吨	13.25×10^{17}	1.98×10^{15}	2.62×10^{23}
	生铁	吨	8.89×10^{7}	1.00×10^{15}	0.89×10^{23}
	原盐	吨	5.58×10^{7}	1.00×10^{15}	0.56×10^{23}
	水泥	吨	2.39×10^{9}	1.98×10^{15}	47.42×10^{23}
	化肥	吨	5.5×10^{7}	4.77×10^{15}	2.62×10^{23}
	塑料	$\times 10^{4}$吨	10.54×10^{3}	6.60×10^{4}	3.00×10^{23}

（续）

类别	项目	单位	2020年实际值	能值转换率	太阳能值
不可更新资源产品与消耗	纸张	$\times 10^4$吨	12.7×10^3	3.49×10^4	0.53×10^{23}
	焦炭	$\times 10^4$吨	4.71×10^4	1.04×10^4	1.63×10^{23}
	农药	$\times 10^4$吨	2.15×10^2	1.97×10^6	1.88×10^{23}
	表土净损失	吨	1.07×10^5	6.25×10^4	0.67×10^{16}
货币流	GDP	美元	14.41×10^{12}	8.69×10^{12}	1253.76×10^{23}
	进口商品	美元	2.04×10^{11}	2.50×10^{12}	5.10×10^{23}
	国际旅游收入	美元	13.12×10^9	2.50×10^{12}	0.33×10^{23}
	利用外资	美元	14.43×10^{10}	2.50×10^{12}	3.60×10^{23}
	出口商品	美元	25.61×10^{11}	1.16×10^{12}	37.40×10^{23}
	对外劳务	美元	2.16×10^9	8.67×10^{12}	0.19×10^{23}
废物流	废水	$\times 10^4$吨	5.55×10^6	6.66×10^5	1.84×10^{23}
	废气	$\times 10^4$吨	2.11×10^3	6.66×10^5	2.03×10^{23}
	固体废弃物	$\times 10^4$吨	3.68×10^5	1.80×10^6	48.25×10^{23}
总能值（去除重复项）					1608.29×10^{23}

（七）科研科普产出价值

科研科普产出价值指自然保护地在促进社会经济发展、维护社会稳定发展及增强生态科学认知等方面的价值。麻阳河保护区作为一个具有丰富的自然生物资源的保护地，具有科学、美学和历史文化价值的世界双遗产，其科研科普产出价值主要体现在科学研究产出价值与公众教育价值两方面。为了建设社会公益型保护地、提升人民素质水平和丰富公众生态意识，公众教育是自然保护地发挥科学普及的重要组成部分。通过推动自然保护理念的发展，加强公众对保护生态环境、节约自然资源的重视，可持续发展理念深入人心进而取得生态效益。

1. 科研产出价值

目前，存在3种科研价值评估方法，分别为单位面积价值法（Costanza，1997）、科研投入法（刘红梅等，2014）、能值法（Meillaud，2003；陈理军，2015）。经分析，单位面积价值法和科研投入法均不适合麻阳河保护区科研科普价值的特点，所以，本研究采用能值法对麻阳河保护区科研科普产出价值进行评估。计算公式如下：

$$U_{科研科普} = P \times T_p / EMR \tag{1-44}$$

式中：$U_{科研科普}$——麻阳河保护区科研产出价值（元／年）；

P——年均论文发表页数（页）；

T_p——每页的能值转化率（sej／页）；

EMR——某一区域的能值/货币比率 [(sej/¥)/年]。

以"麻阳河"为关键词，在"中国知网"查询2012—2021年的文献数量，期刊论文命中目标数为382篇，剔除相关性不强的论文，剩余304篇(年均30.4篇)，年均页数为160页；硕博论文命中数位232篇，筛选后剩余118篇（年均11.8篇），年均页数为1172页。

2. 科普产出价值

经查询相关统计数据，2018年贵州省科研投入经费为27.76亿元（基础研究＋应用研究）、科普筹集资金为3.88亿元，本研究采用科普筹集资金占科研投入的比例来核算麻阳河保护区科普产出价值。计算公式如下：

$$U_{科普}=U_{科研}\times\gamma \tag{1-45}$$

式中：$U_{科普}$——麻阳河保护区科普产出价值（元/年）；

$U_{科研}$——麻阳河保护区科研产出价值（元/年）；

γ——科普筹集资金占科研投入的比例（%）。

（八）麻阳河保护区森林生态系统服务总价值评估

麻阳河保护区森林生态系统服务总价值为上述各分项生态系统服务价值之和，计算公式如下：

$$U_I=\sum_{i=1}^{22}U_i \tag{1-46}$$

式中：U_I——麻阳河保护区森林生态系统服务总价值（元/年）；

U_i——麻阳河保护区森林生态系统服务各分项年价值（元/年）。

第二章

资源概况

贵州麻阳河保护区位于黔东北铜仁市沿河土家族自治县及遵义市务川仡佬族苗族自治县接壤处,地理位置为东经 108°03′48″ ~ 108°19′42″、北纬 28°37′26″ ~ 28°54′30″。保护区地处大娄山脉北东,东北边境在沿河县境内,西部边境在务川县境内,南与德江县接壤,南北纵距 32 千米,东西横跨 26 千米,国土总面积 31113 公顷,核心区为 10543 公顷、缓冲区为 15022 公顷、实验区为 5548 公顷。该保护区属野生动物类型的自然保护区,主要保护对象是国家一级保护野生动物黑叶猴(*Trachypithecus francoisi*)及其栖息地。

第一节 森林资源

麻阳河保护区的森林资源是维系该地区生态平衡的重要支柱,是该地区农业生产的保障,对黑叶猴、南方红豆杉(*Taxus wallichiana* var. *mairei*)等野生动植物物种的生存繁衍具有重要的意义。保护区属于中亚热带温暖湿润季风气候类型,地带性植被应为常绿阔叶林,但由于地形、人为活动影响等原因,实际上常绿阔叶林面积并不多,仅占 39.1%,形成了针叶林、针阔混交林、竹林、灌丛草坡等多种植被。地貌以石灰岩山地为主,单面山和箱状谷发育,海拔 280 ~ 1441 米,高差达 1100 米以上,同时具备层状山岳地貌及特殊的溶蚀构造深切割峡谷地貌,使得保护区植被兼有喀斯特地区植被的特点。

一、空间格局

麻阳河保护区森林资源空间分布如图 2-1 所示,森林覆盖率为 70.20%,蓄积量为 158.69 万立方米。核心区森林面积最大,主要为乔木林,缓冲区和实验区乔木林面积逐渐减

少，灌木林面积逐渐增加。保护区设龚溪口、凉桥和务川 3 个管理站，其中务川管理站位于遵义市务川仡佬族苗族自治县，龚溪口管理站和凉桥管理站位于铜仁市沿河土家族自治县。大部分植被表现出较强的次生性，在很多特殊地段，栓皮栎（*Quercus variabilis*）、小花木荷（*Schima parviflora*）、青冈栎（*Quercus glauca*）等树种呈集中分布。在山体中上部坡度平缓，土层较深厚，人为活动频繁区域，片断化分布针叶林、针阔混交林、常绿落叶阔叶混交林等多种植被类型，如图 2-2 所示。

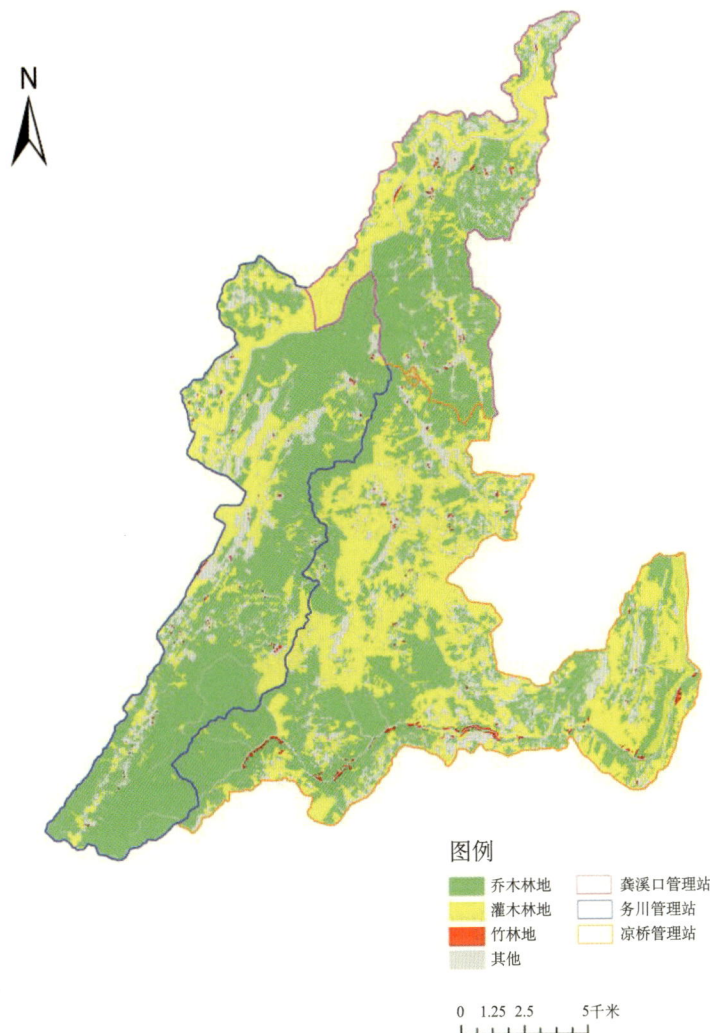

图 2-1　麻阳河保护区主要林地类型空间分布格局

二、数量分布

（一）数量状况

麻阳河保护区林地面积分布情况如图 2-3 所示。截至 2021 年年底，麻阳河保护区林地总面积为 25338.01 公顷。其中，乔木林地、竹林地、灌木林地面积占比分别为 66.50%、0.58%、

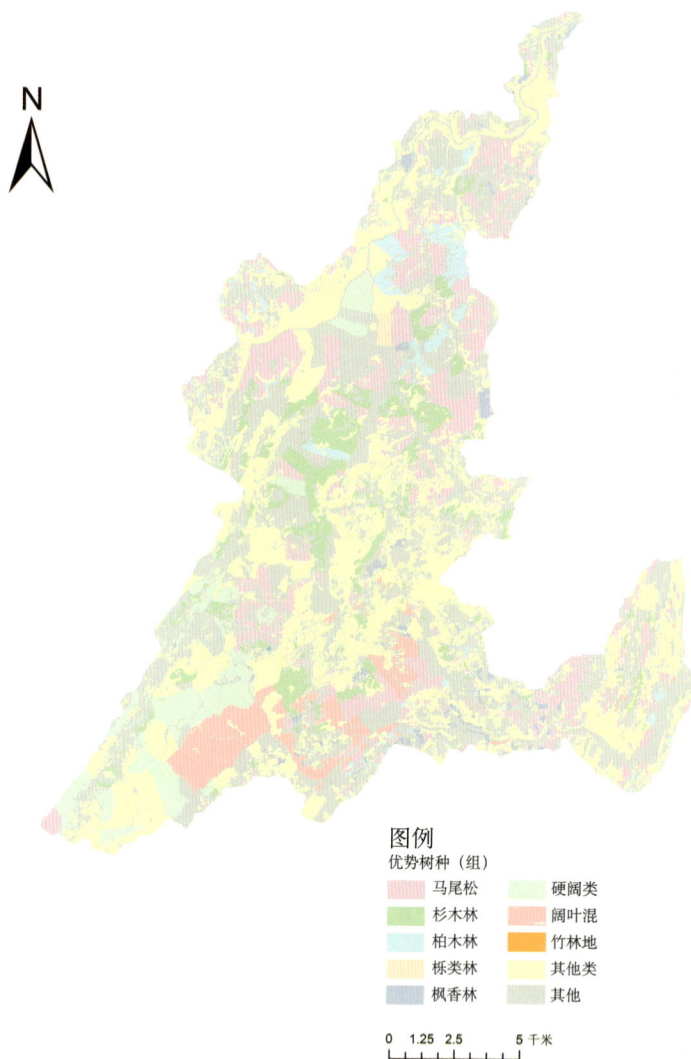

图 2-2　麻阳河保护区主要优势树种（组）空间分布

32.92%。乔木林主要以马尾松林、杉木林、柏木林、软阔林、硬阔林、阔叶混交林等为主。其中，天然林面积为 13432.52 公顷，人工林面积为 3417.31 公顷，占比分别为 79.72%、20.28%。

　　保护区近年来森林覆盖率变化如图 2-4 所示，由 2006 年 66.74%，2011 年 70.22%（张鹏等，2015），2016 年 79.62%（邹启先等，2018）至 2021 年的 81.44%，15 年间提高了 14.7%。孙传亮等（2013）通过遥感分析保护区从 2004 年至 2010 年 6 年间植被覆盖变化，发现变化趋势由中低植被覆盖度往中高植被覆盖度转化，且呈现良好恢复趋势，总体森林蓄积量较上一期（2016 年）增加了 3.57%，这与保护力度和保护措施密切相关。

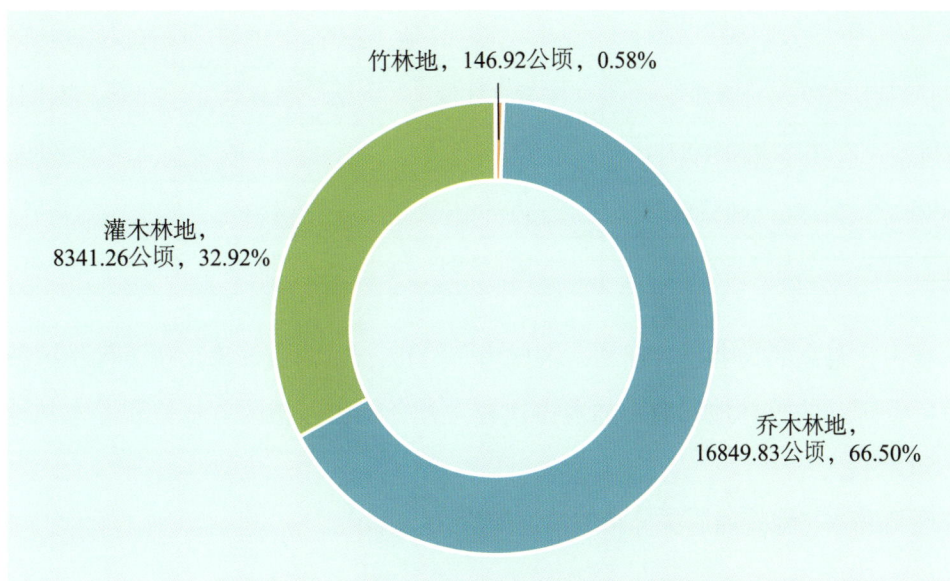

图 2-3 麻阳河保护区林地类型面积情况

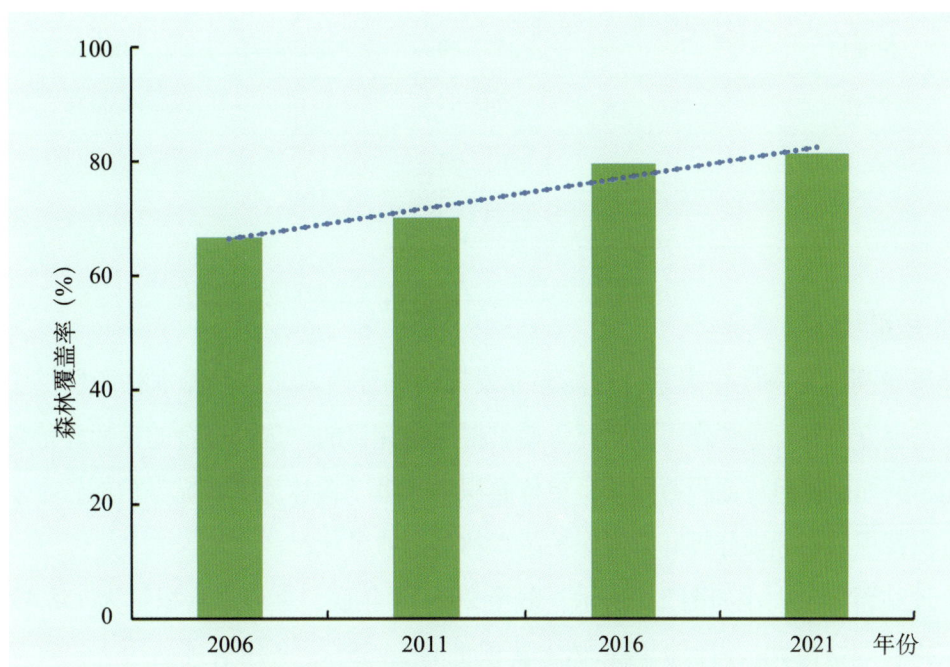

图 2-4 麻阳河保护区森林覆盖率变化

各管理站的林地面积见表 2-1。

表 2-1 麻阳河保护区各管理站林地面积统计

管理站	林地（公顷）			
	合计	乔木林地	竹林地	灌木林地
龚溪口	4265.19	2675.73	18.87	1570.59

（续）

管理站	林地（公顷）			
	合计	乔木林地	竹林地	灌木林地
凉桥	12386.87	7285.15	112.36	4989.36
务川	8685.95	6888.95	15.69	1781.31
合计	25338.01	16849.83	146.92	8341.26

乔木林占比最高的为务川管理站，占比为 79.31%，这与该管理站位于保护区核心位置有关。凉桥管理站的竹林地和灌木林地占比较大，分别占保护区竹林地和灌木林地面积的 76.48%、59.82%。

各管理站乔木林地按照起源分布的情况如表 2-2 所示。

表 2-2　麻阳河保护区各管理站乔木林地按起源分布面积统计

管理站	天然林（公顷）	人工林（公顷）
龚溪口	2575.40	483.54
凉桥	5243.59	1658.35
务川	5613.53	1275.42
合计	13432.52	3417.31

（二）质量状况

森林质量高低是决定生态系统功能充分发挥的关键因素，在保障木材产量供给、维护国家生态安全方面具有重要作用。研究者通常根据研究目的，选择适合的指标评价森林资源质量状况，例如森林单位面积蓄积量、单位面积生长量、森林健康状况等指标。本研究以森林单位面积蓄积量指标来分析麻阳河保护区森林资源质量状况。

各管理站蓄积量大小如图 2-5 所示。截至 2021 年年底，林地总蓄积量为 158.49 万立方米，以凉桥管理站最大，占保护区总林木蓄积量的 54.35%，务川管理站次之，龚溪口管理站最小，仅占总林木蓄积量的 20.23%。

各管理站森林单位面积蓄积量分布如图 2-6 所示。龚溪口管理站单位面积蓄积量最高，在 85 立方米 / 公顷以上；其次是凉桥管理站，单位面积蓄积量在 60 ～ 70 立方米 / 公顷之间；务川管理站森林单位面积蓄积量最小，在 50 ～ 55 立方米 / 公顷之间，这主要是与龄组结构有关。龚溪口管理站以中龄林为主，占比高达 53.33%；凉桥管理站主要以幼龄林为主，务川管理站主要以幼龄林为主，且占比高达 66.53%。

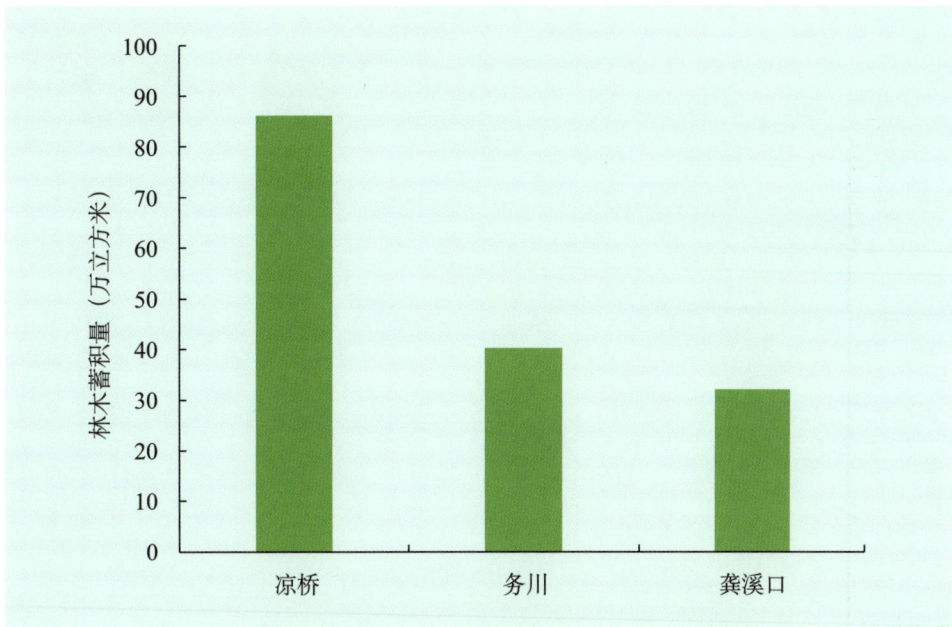

图 2-5　麻阳河保护区各管理站林木蓄积量

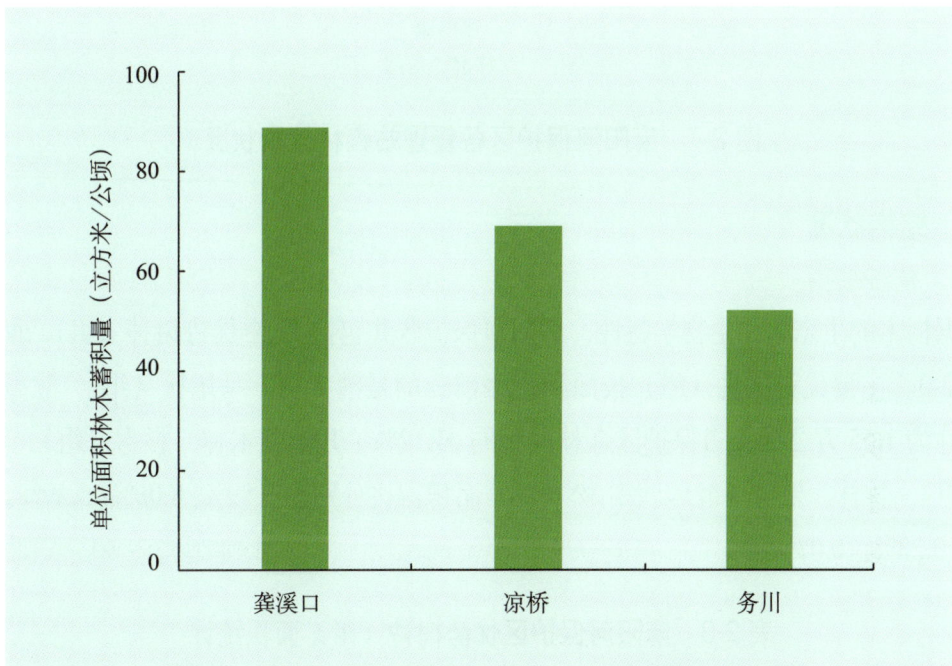

图 2-6　麻阳河保护区各管理站单位面积林木蓄积量

　　麻阳河保护区各管理站森林健康状况如图 2-7 所示。整体上，保护区森林处于健康状态，占保护区林地总面积的 95% 以上，其中龚溪口和务川管理站的森林健康状况相对更优，属于亚健康和中健康的林地较少，面积占比分别为 4.83%、0.16%，说明保护区的森林资源呈现健康状况良好状态。

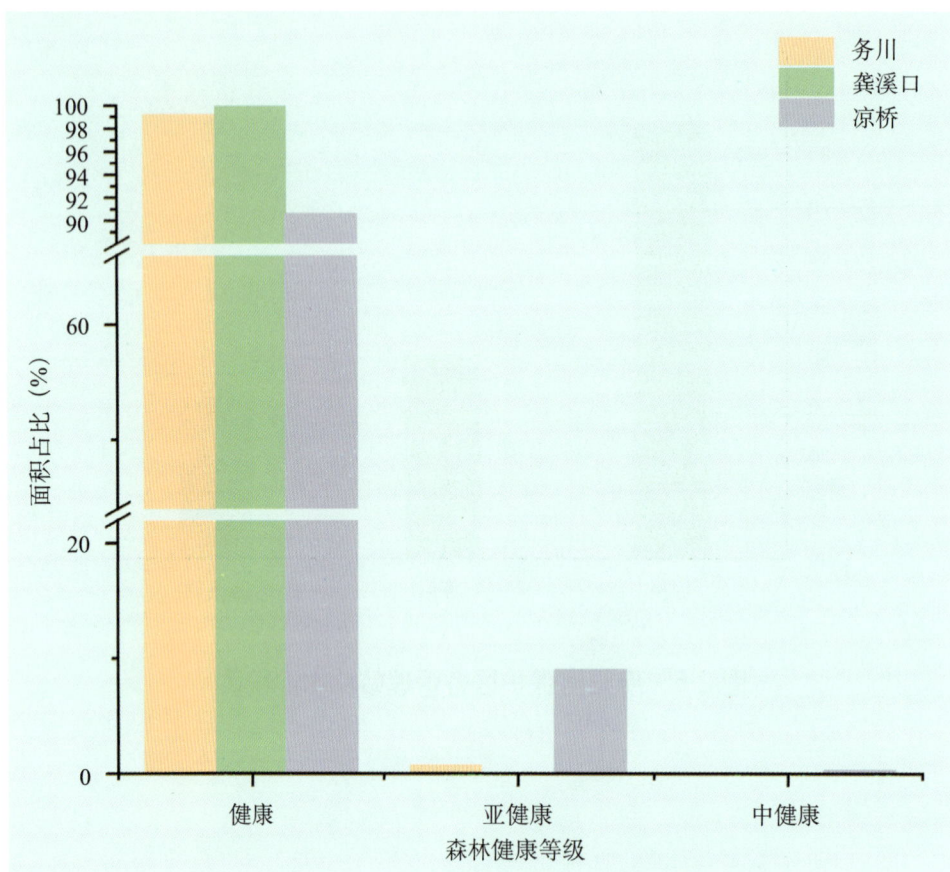

图 2-7　麻阳河保护区各管理站森林健康状况

三、结构状况

（一）树种结构

根据树木的生态学和生物学特性，麻阳河保护区共包括 11 个优势树种（组），面积及占比见表 2-3。主要优势树种（组）按面积排序前三的是灌木林、马尾松（组）、软阔类，其面积合计为 1.55 万公顷，占保护区森林面积的 61.12%；其他乔木林、杉木（组）、阔叶混、柏木（组）、竹林、果树（组）、华山松（组）面积占比分别为 9.89%、8.06%、5.49%、2.90%、0.58%、0.28%、0.08%。

表 2-3　麻阳河保护区优势树种（组）面积统计

优势树种（组）	龚溪口管理站（公顷）	凉桥管理站（公顷）	务川管理站（公顷）	合计（公顷）
柏木（组）	92.93	525.45	117.68	736.06
马尾松（组）	1313.41	1557.38	1251.05	4121.84
华山松（组）	—	—	19.15	19.15
杉木（组）	185.65	1050.63	805.50	2041.78
软阔类	346.71	809.95	1866.26	3022.92

（续）

优势树种（组）	龚溪口管理站（公顷）	凉桥管理站（公顷）	务川管理站（公顷）	合计（公顷）
硬阔类	412.54	284.68	2240.25	2937.47
阔叶混	3.00	1387.69	1.54	1392.23
果树（组）	7.37	63.20	0.89	71.46
其他乔木林	314.12	1606.16	586.63	2506.91
灌木林	1570.59	4989.36	1781.3	8341.25
竹林	18.87	112.36	15.69	146.92
合计	4265.19	12386.86	8685.94	25337.99

总体来说，麻阳河保护区树种结构比较合理，但阔叶林所占比例较小，阔叶林是黑叶猴重要的食物之源，也是野生动物的栖息地。阔叶林在水土保持、涵养水源、净化空气、维护生物多样性等方面的功能远高针叶林，因此麻阳河保护区今后应适度发展阔叶林、阔叶混交林、针阔混交林等（邹启先等，2018）。

（二）林龄结构

按照国家标准《森林资源连续清查技术规程》（GB/T 38590—2020）的规定，各优势树种（组）的龄级划分见表2-4。

表 2-4　优势树种（组）林龄组划分标准

主要优势树种	地区	起源	龄组划分（年）					龄级划分
			幼龄林	中龄林	近熟林	成熟林	过熟林	
			1	2	3	4	5	
红松、云杉、柏木、紫杉、铁杉	北方	天然	60以下	61～100	101～120	121～160	161以上	20
	北方	人工	40以下	41～60	61～80	81～120	121以上	10
	南方	天然	40以下	41～60	61～80	81～120	121以上	20
	南方	人工	20以下	21～40	41～60	61～80	81以上	10
落叶松、冷杉、樟子松、赤松、黑松	北方	天然	40以下	41～80	81～100	101～140	141以上	20
	北方	人工	20以下	21～30	31～40	41～60	61以上	10
	南方	天然	40以下	41～60	61～80	81～120	121以上	20
	南方	人工	20以下	21～30	31～40	41～60	61以上	10
油松、马尾松、云南松、思茅松、华山松、高山松	北方	天然	30以下	31～50	51～60	61～80	81以上	10
	北方	人工	20以下	21～30	31～40	41～60	61以上	10
	南方	天然	20以下	21～30	31～40	41～60	61以上	10
	南方	人工	10以下	11～20	21～30	31～50	51以上	10

（续）

主要优势树种	地区	起源	龄组划分（年）					龄级划分
			幼龄林	中龄林	近熟林	成熟林	过熟林	
			1	2	3	4	5	
杨、柳、桉、檫、泡桐、木麻黄、楝、枫杨、相思、软阔	北方	人工	10以下	11～15	16～20	21～30	30以上	5
	南方	人工	5以下	6～10	11～15	16～25	25以上	5
桦、榆、木荷、枫香、珙桐	北方	天然	30以下	31～50	51～60	61～80	81以上	10
	北方	人工	20以下	21～30	31～40	41～60	61以上	10
	南方	天然	20以下	21～40	41～50	51～70	71以上	10
	南方	人工	10以下	11～20	21～30	31～50	51以上	10
栎、柞、槠、樟、楠、椴、水胡黄、硬阔	南北	天然	40以下	41～60	61～80	81～120	121以上	20
	南北	人工	20以下	21～40	41～50	51～70	71以上	10
杉木、柳杉、水杉	南方	人工	10以下	11～20	21～25	26～35	36以上	10

　　麻阳河保护区各林龄组面积和占比如图 2-8 和表 2-5 所示。其中，以幼龄林、中龄林为主，其面积占比近 78%。这可能与前期人类砍伐等因素有关，目前处于天然次生林恢复阶段。

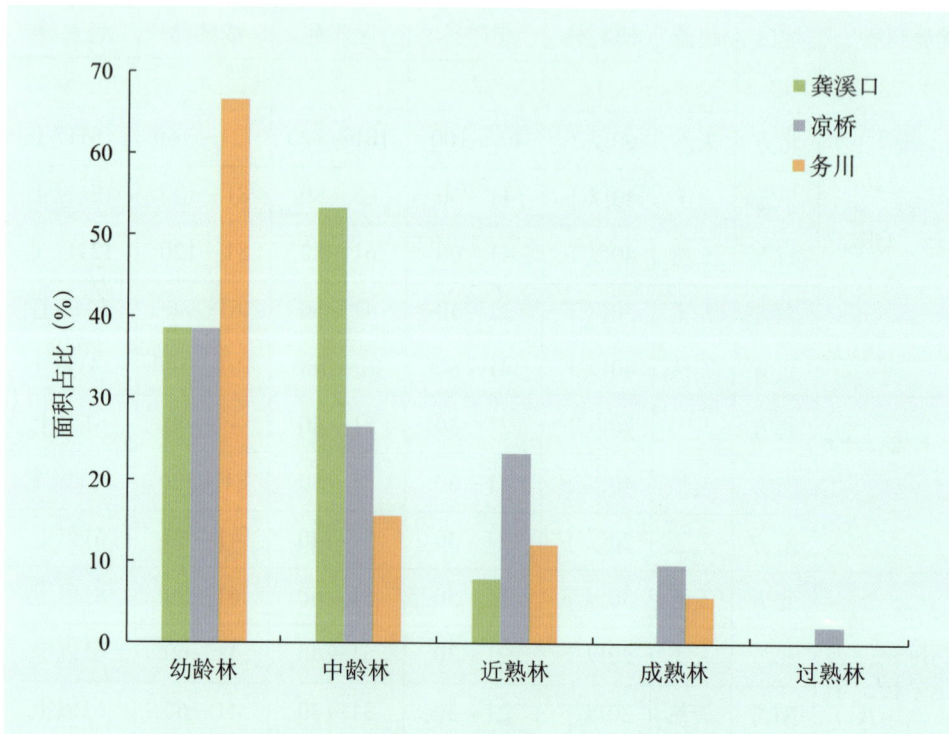

图 2-8　麻阳河保护区各管理站不同林龄组面积占比

表 2-5 麻阳河保护区各龄组面积统计

管理站	合计（公顷）	林龄组（公顷）				
		幼龄林	中龄林	近熟林	成熟林	过熟林
龚溪口	2872.39	1108.24	1531.83	227.91	4.41	—
凉桥	5762.57	2219.10	1525.45	1342.47	555.77	119.78
务川	6526.31	4342.19	1018.16	791.33	374.63	—
合计	15161.27	7669.53	4075.44	2361.71	934.81	119.78

麻阳河保护区的幼林龄、中林龄面积占比较大，主要原因是保护区内疏林地、灌木林地实施人工促进封山育林措施后成为乔木幼龄林，幼龄林和中龄林经过 10 年的生长，变化成中龄林和近熟林。

第二节　生物多样性资源

一、植物物种资源

麻阳河保护区植被类型多样，植被垂直分布明显。根据《中国植被》分类系统，保护区的地带性植被为中亚热带常绿阔叶林，可分为 8 个植被型 36 个群系。主要特征表现：①保护区植物资源丰富，森林群落类型多样，是黑叶猴等动物栖息的理想场所。②保护区森林植被明显地具有次生性。在喀斯特山地，由于土层浅薄，在山脊、山上部，局部保留了相当完好的常绿阔叶混交林，如豹皮樟（Litsea coreana）+ 化香（Platycarya strobilacea）+ 鹅耳枥（Carpinus turczaninowii）林、乌冈栎（Quercus phillyraeoides）林，而在人为干扰下，形成了乌冈栎、火棘（Pyracantha fortuneana）、悬钩子（Rubus corchorifolius）灌丛；在残坡积母质的黄壤上，在局部地段保留了以栲树（Castanopsis fargesii）为主的常绿阔叶林，大部分地区则为演替中的栓皮栎、麻栎（Quercus acutissima）林，以及响叶杨（Populus adenopoda）、亮叶桦（Betula luminifer）、枫香（Liquidambar formosana）林 等，它们大部分是在人们长期经营和干扰下顺向演替和逆向演替交织进行过程中不同演替阶段的产物。③生物气候条件优越，森林植被恢复快。由于该地区较好的气候条件，自然植被恢复较容易，森林群落的顺向演替速度有所加快。

据统计，保护区内共有植物 335 科 971 属 2324 种，其中低等植物 110 科 237 属 597 种，包括藻类植物 55 科 138 属 402 种、大型真菌 45 科 83 属 165 种、地衣 10 科 16 属 30 种；高等植物 225 科 734 属 1727 种，包括苔藓植物 47 科 140 属 418 种、蕨类植物 24 科 55 属 141 种、种子植物 154 科 539 属 1168 种，在种子植物中有裸子植物 5 科 7 属 8 种、被子植物 149 科

532 属 1160 种（表 2-6）。保护区内的珍稀濒危植物较贵州其他国家级自然保护区相对较少，与早期当地的人为活动干扰密切相关，导致原生植被保存较少，国家重点保护野生植物名录及保护等级如表 2-7 所示。此外，保护区内还分布着大量的古树名木，如柏木（*Cupressus funebris*）、枫香、丝栗栲（*Castanopsis fargesii*）、银杏（*Ginkgo biloba*）等，最大胸径可达 195 厘米。不同物种植株数量差异较大，南方红豆杉分布广泛，数量多，但是翅荚木（*Zenia insignis*）、红椿数量较少。

表 2-6　麻阳河保护区植物物种资源统计

资源	门类		科	属	种
植物资源	种子植物	低等植物	110	237	597
		高等植物	225	734	1727
		合计	335	971	2324

表 2-7　麻阳河保护区国家重点保护野生植物名录（2021）

序号	植物名称		保护等级
	中文名	学名	
1	南方红豆杉	*Taxus chinensis* var. *mairei*	一级
2	苏铁	*Cycas revoluta*	一级
3	麻栗坡兜兰	*Paphiopedilum malipoense*	一级
4	桧叶白发藓	*Leucobryum juniperoideum*	二级
5	华南马尾杉	*Phlegmariurus austrosinicus*	二级
6	罗汉松	*Podocarpus macrophyllus*	二级
7	百日青	*Podocarpus neriifolius*	二级
8	穗花杉	*Amentotaxus argotaenia*	二级
9	篦子三尖杉	*Cephalotaxus oliveri*	二级
10	黄杉	*Pseudotsuga sinensis*	二级
11	闽楠	*Phoebe bournei*	二级
12	楠木	*Phoebe zhennan*	二级
13	西南齿唇兰	*Anoectochilus elwesii*	二级
14	白及	*Bletilla striata*	二级
15	春兰	*Cymbidium goeringii*	二级
16	春剑	*Cymbidium goeringii* var. *longibracteatum*	二级
17	寒兰	*Cymbidium kanran*	二级
18	蕙兰	*Cymbidium faberi*	二级
19	套叶兰	*Hippeophyllum sinicum*	二级
20	建兰	*Cymbidium ensifolium*	二级

（续）

序号	植物名称		保护等级
	中文名	学名	
21	多花兰	*Cymbidium floribundum*	二级
22	峨眉春蕙	*Cymbidium faberi* var. *omeiense*	二级
23	莎叶兰	*Cymbidium cyperifolium*	二级
24	扇脉杓兰	*Cypripedium japonicum*	二级
25	绿花杓兰	*Cypripedium henryi*	二级
26	罗河石斛	*Dendrobium lohohense*	二级
27	石斛	*Dendrobium nobile*	二级
28	长距石斛	*Dendrobium longicornu*	二级
29	天麻	*Gastrodia elata*	二级
30	硬叶兜兰	*Paphiopedilum micranthum*	二级
31	独蒜兰	*Pleione bulbocodioides*	二级
32	川八角莲	*Dysosma veitchii*	二级
33	长穗桑	*Morus wittiorum*	二级
34	伞花木	*Eurycorymbus cavaleriei*	二级
35	宜昌橙	*Citrus ichangensis*	二级
36	红椿	*Toona ciliata*	二级
37	金荞麦	*Fagopyrum dibotrys*	二级
38	中华猕猴桃	*Actinidia chinensis*	二级
39	香果树	*Emmenopterys henryi*	二级
40	花榈木	*Ormosia henryi*	二级
41	岩生红豆	*Ormosia saxatilis*	二级
42	莎叶兰	*Cymbidium cyperifolium*	二级
43	七叶一枝花	*Paris polyphylla*	二级
44	石生黄堇	*Corydalis saxicola*	二级
45	蛇足石杉	*Huperzia serrata*	二级
46	灰背铁线蕨	*Adiantum myriosorum*	二级
47	圆叶杜鹃	*Rhododendron williamsianum*	二级

二、野生动物资源

　　保护区动物资源相当丰富，共有动物 252 科 966 属 1583 种，其中脊椎动物 86 科 239 属 341 种，包含兽类 20 科 37 属 44 种，鸟类 40 科 124 属 198 种，两栖类 7 科 13 属 19 种，爬行类 6 科 20 属 25 种，鱼类 13 科 45 属 55 种，昆虫 137 科 618 属 1060 种，蛛型纲 29 科 109 属 182 种(表2-8)。有国家一级保护野生动物 10 种，国家二级保护野生动物 35 种，其分布图与名录如图2-9与表2-9。麻阳河保护区主要保护的旗舰物种是黑叶猴。

表2-8　麻阳河保护区动物物种资源统计

资源	门类		科	属	种
动物资源	脊椎动物	兽类	20	37	44
		鸟类	40	124	198
		两栖类	7	13	19
		爬行类	6	20	25
		鱼类	13	45	55
		合计	252	966	1583
	无脊椎动物	昆虫	137	618	1060

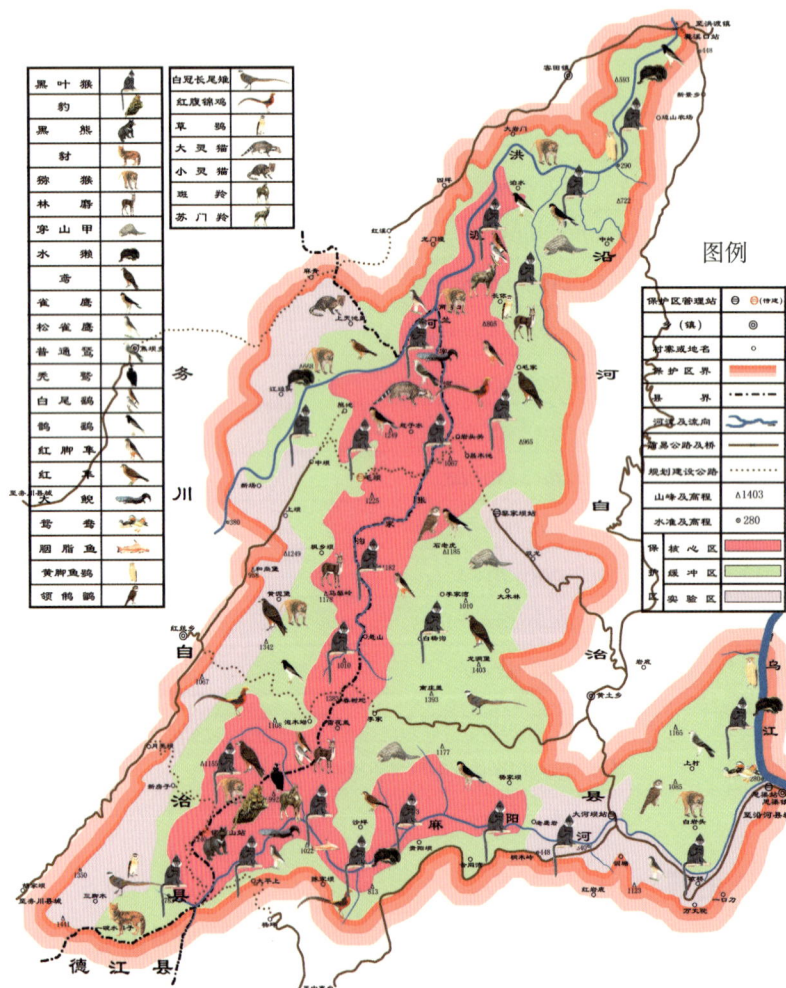

图2-9　麻阳河保护区珍稀动物分布

表 2-9 麻阳河保护区国家重点保护野生动物名录（2021）

序号	动物名称		保护等级
	中文名	学名	
1	黑叶猴	*Trachypithecus francoisi*	一级
2	豹	*Panthera pardus*	一级
3	大灵猫	*Viverra zibetha*	一级
4	小灵猫	*Viverricula indica*	一级
5	豺	*Cuon alpinus*	一级
6	林麝	*Moschus berezovskii*	一级
7	白颈长尾雉	*Syrmaticus ellioti*	一级
8	白冠长尾雉	*Syrmaticus reevesii*	一级
9	秃鹫	*Aegypius monachus*	一级
10	穿山甲	*Manis pentadactyla*	一级
11	猕猴	*Macaca mulatta*	二级
12	豹猫	*Prionailuru bengalensis*	二级
13	赤狐	*Vulpes vulpes*	二级
14	黑熊	*Ursus thibetanus*	二级
15	水獭	*Lutra lutra*	二级
16	毛冠鹿	*Elaphodus cephalophus*	二级
17	中华斑羚	*Naemorhedus griseus*	二级
18	中华鬣羚	*Capricornis milneedwardsii*	二级
19	红腹锦鸡	*Chrysolophus pictus*	二级
20	鸳鸯	*Aix galericulata*	二级
21	黄喉貂	*Martes flavigula*	二级
22	黑鸢	*Milvus migrans*	二级
23	苍鹰	*Accipiter gentilis*	二级
24	雀鹰	*Accipiter nisus*	二级
25	松雀鹰	*Accipiter virgatus*	二级
26	普通鵟	*Buteo japonicus*	二级
27	白尾鹞	*Circus cyaneus*	二级
28	鹊鹞	*Circus melanoleucos*	二级
29	草鸮	*Tyto longimembris*	二级
30	领鸺鹠	*Glaucidium brodiei*	二级
31	斑头鸺鹠	*Glaucidium cuculoides*	二级

（续）

序号	动物名称		保护等级
	中文名	学名	
32	短耳鸮	*Asio flammeus*	二级
33	白胸翡翠	*Halcyon stnymensis*	二级
34	红脚隼	*Falco amurensis*	二级
35	红隼	*Falco tinnunculus*	二级
36	金胸雀鹛	*Lioparus chrysotis*	二级
37	红胁绣眼鸟	*Zosterops etythropleunus*	二级
38	画眉	*Garrulax canorus*	二级
39	红嘴相思鸟	*Leiothrix lutea*	二级
40	蓝鹀	*Emberiza siemsseni*	二级
41	大鲵	*Andrias davidianus*	二级
42	务川臭蛙	*Odorrana wchuanensis*	二级
43	胭脂鱼	*Myxocyprinus asiaticus*	二级
44	乌原鲤	*Procypris merus*	二级
45	领角鸮	*Otus lettia*	二级

三、旗舰物种——黑叶猴

黑叶猴是国家珍稀灵长类动物，在我国热带、亚热带森林生态系统生物多样性保护中占据十分重要的地位，种群数量稀少，由于受到狩猎以及栖息地丧失和破碎化等威胁，全球野外种群数量估计只有 2000 只左右，面临着巨大的生存危机，保护状况堪忧，世界自然保护联盟（IUCN）已将其列为全球濒危物种（IUCN，2016），被《濒危野生动植物种进出口贸易公约》列为附录物种，被国际自然与自然资源保护联盟红皮书列为易危种，我国将其列入国家一级保护野生动物。根据颁布的《亚洲灵长类保护行动计划》，通过濒危程度、分类独特性和与其他濒危灵长类的关系等项指标分析，黑叶猴属 9 级优先保护者，在亚洲叶猴属灵长类中是保护等级最高的物种（王爱龙等，2010）。

黑叶猴是灵长目猴科疣猴亚科乌叶猴属中的一种石山灵长类，主要栖息在高山陡岩和切割很深的江河、溪流两岸的悬崖峭壁地带，活动场所为石灰岩山地，且具有天然岩洞，植被相对较好，尤其是人类难以涉足且覆盖着由高大乔木形成的常绿阔叶和常绿、落叶阔叶混交林的悬崖峭壁地带，是黑叶猴理想的栖息地，为它们的繁殖提供了必要的食物来源和避难场。黑叶猴主要在峭壁林间和裸露的岩壁上活动，善攀援跳跃，性情机敏，结群活动，每群 5～20 只（图 2-10 至图 2-12）。

黑叶猴主要散布于北纬 21°45′～29°20′ 中国和越南的喀斯特石山与河谷地带少数几个分布点。国外分布于越南北部，在中国仅分布在贵州、广西、重庆，在贵州省仅分布于麻阳

河、宽阔水、大沙河、野钟自然保护区内（图2-13），其中以麻阳河保护区内黑叶猴数量最多。原有黑叶猴的分布点有近一半猴群已绝迹，保护状况并不乐观，随着保护区的建立，保护措施的增大，黑叶猴栖息环境得到改善。因此，麻阳河保护区不仅是全国野生黑叶猴分布最密集的地区，也是全球最大野生黑叶猴种群分布地，被誉为"黑叶猴王国"。2017年3月，麻阳河保护区所在的沿河自治县被中国野生动物保护协会授予"中国黑叶猴之乡"称号。

图 2-10　黑叶猴群

图 2-11　在树尖的黑叶猴

图 2-12　攀爬的黑叶猴

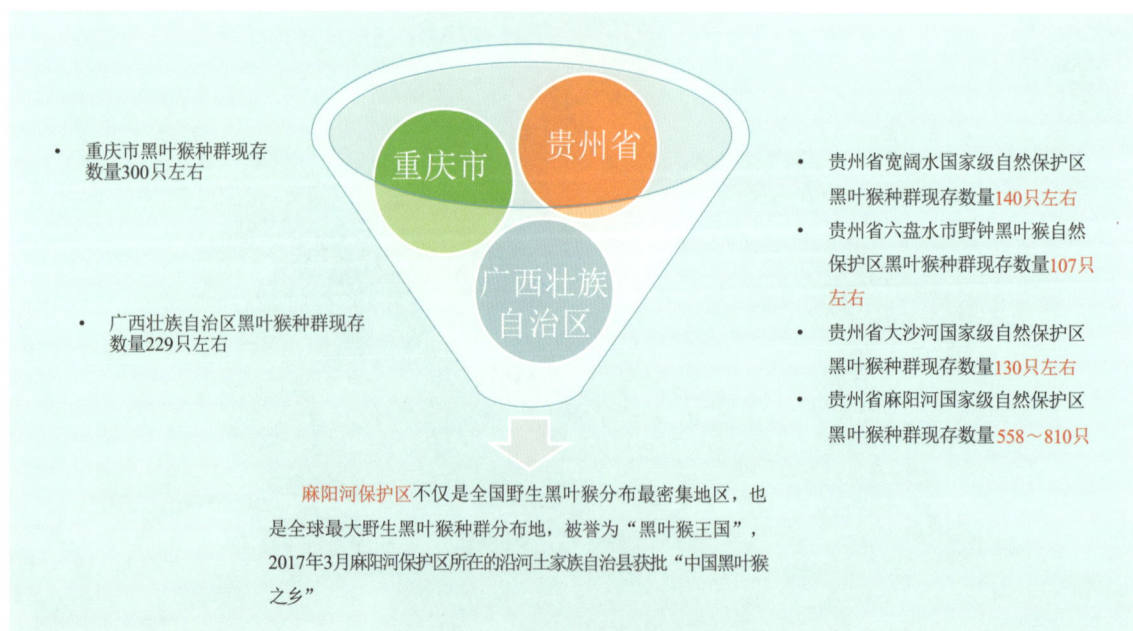

- 重庆市黑叶猴种群现存数量300只左右

- 广西壮族自治区黑叶猴种群现存数量229只左右

重庆市　贵州省　广西壮族自治区

- 贵州省宽阔水国家级自然保护区黑叶猴种群现存数量140只左右
- 贵州省六盘水市野钟黑叶猴自然保护区黑叶猴种群现存数量107只左右
- 贵州省大沙河国家级自然保护区黑叶猴种群现存数量130只左右
- 贵州省麻阳河国家级自然保护区黑叶猴种群现存数量558～810只

麻阳河保护区不仅是全国野生黑叶猴分布最密集地区，也是全球最大野生黑叶猴种群分布地，被誉为"黑叶猴王国"，2017年3月麻阳河保护区所在的沿河土家族自治县获批"中国黑叶猴之乡"

图 2-13　我国黑叶猴分布情况

麻阳河保护区被野生动植物保护国际（Fauna & Flora International，FFI）认为是全球最大的黑叶猴种群分布地（董明海，2008）。保护区1994年第一次本底资源调查，有黑叶猴38群395只，2016年调查数据为72群554±209只，2022年调查显示有72群558～810只，具体调查方法见表2-10。

表2-10　抽样群及群个体数

分布地点	抽样群个体数	分布地点	抽样群个体数
香沟坝1	15	邓家岩	12
石牌	8	麻阳坝	7
蛟龙村	17	岩头关1	6
大河坝河道	9	角落寨	6
缠溪河	5	大玲岗	4
五道拐	18	泊水下渡	3
悬山	9	黄泉	5
丰背	9	豌豆槽	8
仡佬寨	7	坪上	5
梨子坪	7	香沟坝2	17
碗水	12	陈家坝	11
环山岩边	11	燕子口	10
石笋	18	岩头关2	8

黑叶猴分布区所处地势崎岖险峻，调查发现麻阳河保护区的黑叶猴猴群基本上是以麻阳河、洪渡河及其支流兰子河、缠溪河等为中轴的箱状河谷峭壁上和两岸的植被区为主要活动范围（图2-14），活动区多为悬崖峭壁、伏流、溶洞、深涧、峡谷等较为复杂的地形，其中在麻阳河中、上游，锯齿山范围内以及红丝河流域，黑叶猴的分布密度均较大。在植被类型上，黑叶猴对常绿阔叶林、常绿阔叶落叶混交林和灌丛的地区表现出了选择性，这些地区的优势物种主要为枫香、丝栗栲、青冈栎、板栗（Castanea mollissima）、火棘等，而对马尾松（Pinus massoniana）、杉木（Cunninghamia lanceolata）等针叶林表现出了明显的回避。其中，影响黑叶猴栖息地选择的主要因素有植被类型、海拔、坡度、坡位、郁闭度、到水源的距离、到农田的距离、到简易公路的距离和到大车路的距离。由于早期人类活动导致森林植被遭到严重破坏，除悬崖峭壁地带残存有较少量原始的常绿、落叶阔叶混交林外，峭壁以上多呈现出岩石裸露，有些则被开垦成农田，或为灌丛和少量的次生常绿、落叶阔叶

混交林。植被的破坏使黑叶猴的分布受到限制，导致河流两岸的黑叶猴群密度大，分布集中，而麻阳河下游的黑叶猴数量已明显减少。

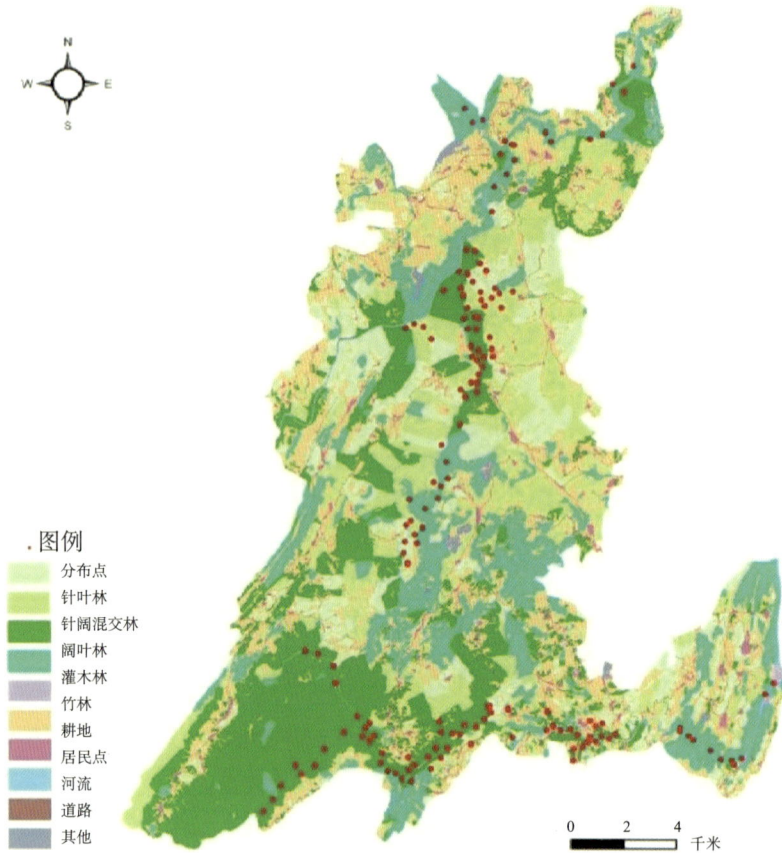

图 2-14　麻阳河保护区黑叶猴分布示意（韩家亮，2021）

　　黑叶猴在贵州多以野生植物的花、果、叶、嫩枝等为食，贵州麻阳河保护区属于喀斯特峡谷地貌，科研人员共记录到 120 种植物被黑叶猴采食，包括 94 种乔木、23 种藤本植物及 3 种草本植物，其中最喜食的有蔷薇科（Rosaceae）、葡萄科（Vitaceae）、猕猴桃科（Actinidiaceae）等科的植物。黑叶猴的食物组成中嫩叶占 43.3%、果实占 25.7%、成熟叶占 20.6%。春季，黑叶猴的主要食物以植物的芽、幼叶为主，如鹅耳栎、西南槐（Sophora prazeri）、枫香等，同时也取食亮叶桦（Betula luminifera）、紫珠（Callicarpa bodinieri）等植物的花及悬钩子、南酸枣（Choerospondias axillaris）等植物的果实，亮叶桦等多为季节性落叶植物，春季萌生大量幼叶和芽。夏季黑叶猴除取食大量农作物外，它们主要取食的野生植物多为非季节性落叶植物的幼叶和花，如小叶女贞（Ligustrum quihoui）、蔷薇（Rosa multifolora）、西南槐等。秋季，黑叶猴主要取食的野生植物多为有果实且果实适口性较好的植物，如金樱子（Rosa laevigata）、紫珠、胡颓子（Elaeagnus pungens）、火棘、拐枣（Hovenia

acerba)、红薯（*Ipomoea batatas*）等。冬季，在取食农作物的同时，黑叶猴取食的野生植物以非季节性落叶植物为主，如朴树（*Celtis sinensis*）、鹅耳枥、女贞（*Ligustrum lucidum*）、紫珠、黄连木（*Pistacia chinensis*）、胡颓子等，且黑叶猴的全年平均日取食量均在 100 次以上，因此该类食物在黑叶猴的生活中具有重要价值。

第三章
森林生态产品绿色核算

第一节　森林生态产品物质量评估

党的十九大报告提出"提供更多优质生态产品以满足人民日益增长的优美生态环境需要"，生态产品成为"两山"理念在实际工作中的有形助手，是绿水青山在实践中的代名词(第十八届中央委员会，2017)。环境经济核算体系中心框架中，实物量计量的核心是自然投入、产出和剩余物流量。本章依据国家标准《森林生态系统服务功能评估规范》(GB/T 38582—2020)，对麻阳河保护区森林生态产品物质量开展评估研究，进而揭示其功能特征，这有助于麻阳河保护区深入践行绿水青山就是金山银山理念。

> 森林生态产品物质量评估：主要是对森林生态系统提供生态产品的实物量进行评估，即根据不同区域，不同生态系统的结构、功能和过程，从生态系统服务功能机制出发，利用国家标准规定的定量方法确定生态产品实物量的大小。

一、总评估结果

经评估核算，麻阳河保护区森林生态系统保育土壤、林木养分固持、涵养水源、固碳释氧、净化大气环境等 5 项功能类别的 11 项指标类别生态产品的物质量如表 3-1 所示。

表 3-1　麻阳河保护区森林生态系统服务功能物质量评估结果

服务类别	功能类别	指标类别	物质量
支持服务	保育土壤	固土（万吨/年）	54.12
		保肥（万吨/年）	3.22
	林木养分固持	林木养分固持（吨/年）	1993.11

（续）

服务类别	功能类别	指标类别	物质量
调节服务	涵养水源	调节水量（万立方米/年）	5416.29
	固碳释氧	固碳（万吨/年）	6.61
		释氧（万吨/年）	15.10
	净化大气环境	提供负离子（$\times 10^{22}$个/年）	11.71
		吸收气体污染物（万千克/年）	358.93
		滞纳TSP（万吨/年）	42.59
		滞纳PM_{10}（万千克/年）	30.59
		滞纳$PM_{2.5}$（万千克/年）	7.91

麻阳河保护区为喀斯特地貌，生境脆弱，水力侵蚀强烈，易造成水土流失，保护区的森林植被能够有效地防止水土流失。2021 年麻阳河保护区森林生态系统固土量为 54.12 万吨/年，相当于贵州赤水河水文站多年平均年输沙量（731 万吨）的 7.40%；林木养分固持物质量为 1993.11 吨/年，相当于同期铜仁市化肥施用折纯量（76371 吨）的 2.6%，相当于遵义市化肥施用折纯量（148714 吨）的 1.3%（贵州省政府开放数据平台，2021）。

麻阳河保护区森林生态系统调节水量为 5416.29 万立方米/年，相当于贵州省铜仁市思林水电站调节库容量（3.17 亿立方米）的 17.09%，相当于务川县水库总库容 6.2 亿立方米（务川自治县人民政府网）的 8.74%。同时，麻阳河保护区森林生态系统涵养水源量相当于彭水水库调节库容（5.1 亿立方米）的 10% 左右和防洪库容（2.32 亿立方米）的 1/4 左右。随着中国社会经济发展，需水量将逐步增加，城市供水的供需矛盾日益突出，必须将水资源的永续利用与保护作为实施可持续发展的战略重点，以促进"生态—经济—社会"的健康运行与协调发展。如何破解这一难题，应对水资源不足与社会、经济可持续发展之间的矛盾，只有从增加贮备和合理用水这两方面着手，建设水利设施拦截水流增加贮备的工程方法。同时运用生物工程的方法，特别是发挥森林生态系统的涵养水源功能，也应该引起人们的高度关注。

麻阳河保护区森林生态系统固碳量分别相当于沿河县工业碳排放量和务川工业碳排放量的 12.30% 和 21.20%，工业碳排放数据由能源消耗量（标准煤）与碳当量转换系数计算而来，沿河县和务川县能源消耗量数据来源于《贵州统计年鉴（2021）》中的铜仁市和遵义市单位 GDP 能源消耗量与两县的 2020 年度 GDP 计算而来，两县的 GDP 同样来源于《贵州统计年鉴（2021）》。

根据《贵州统计年鉴（2021）》，麻阳河保护区森林生态系统年吸收污染气体量占贵州省工业二氧化硫年排放量（14.36 万吨）的 2.5%，滞尘量是贵州省工业烟尘年排放量（14.24 万吨）的 3 倍。因此，麻阳河保护区森林在吸收大气污染物、净化大气环境方面发挥着重要作用。

二、各管理站物质量评估结果

麻阳河保护区各管理站森林生态产品物质量评估结果如表 3-2 所示。

表 3-2　各管理站森林生态产品物质量评估结果

管理站	支持服务			调节服务							
	保育土壤（万吨/年）		林木养分固持（吨/年）	涵养水源（万立方米/年）	固碳释氧（万吨/年）		净化大气环境				
								提供负离子（×10²²个/年）	吸收气体污染物（万千克/年）	滞尘		
	固土	保肥		调节水量	固碳	释氧	提供负离子（×10²²个/年）	吸收气体污染物（万千克/年）	滞纳TSP（万吨/年）	滞纳PM₁₀（万千克/年）	滞纳PM₂.₅（万千克/年）
凉桥	26.38	1.56	963.22	2486.08	3.20	7.29	4.83	181.36	19.89	15.07	3.88
龚溪口	9.02	0.54	344.81	875.00	1.12	2.55	2.03	53.53	7.71	5.27	1.36
务川	18.72	1.12	685.08	2055.21	2.29	5.26	4.85	124.04	14.99	10.25	2.67
合计	54.12	3.22	1993.11	5416.29	6.61	15.10	11.71	358.93	42.59	30.59	7.91

（一）保育土壤功能

麻阳河保护区各管理站森林生态系统固土量和保肥量评估结果见表 3-2、图 3-1 和图 3-2，凉桥管理站森林生态系统固土量最大、龚溪口管理站最小、务川管理站居中，凉

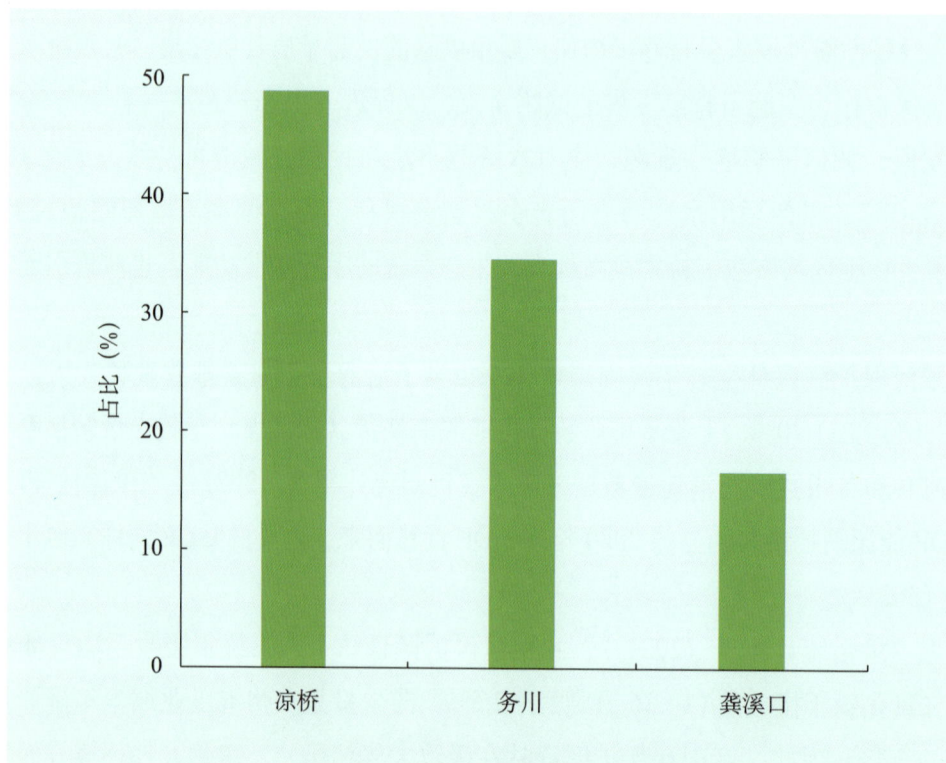

图 3-1　各管理站森林生态系统固土量分布

桥、务川、龚溪口 3 个管理站的森林生态系统固土量分别占总固土量的 48.74%、16.67%、34.59%。在地形地貌复杂、地势起伏多变、喀斯特生境异质性强、通达性差的麻阳河保护区，灌木林、马尾松（组）、硬阔类、软阔类等优势树种（组）有效地发挥了防止水土流失的功能，尤其是占保护区 59.82% 的灌木林分布在凉桥管理站，灌木林虽然不像乔木林有明显的垂直结构，但是其树种组成丰富，冠辐密度大，且较低矮，降雨过程受风的吹动作用较小，雨水能较好地附着于叶面，起到较好的拦蓄降水作用（陈引珍等，2009），保育土壤功能发挥尤为明显，大大降低了该地区地质灾害发生的可能性。另一方面，在防止水土流失的同时，还减少了随着径流流失的养分，保障了保护区森林生态系统的安全。因此，在保护区内所分布的森林植被类型在改良土壤物理特性，提高土壤贮水能力，丰富土壤有机质含量，增强和维护土壤肥力等方面都具有较显著的生态功能，它对于维护和保障周边地区的生态安全以及对该自然保护区的森林更新、恢复等都具有重要作用及参考应用价值。

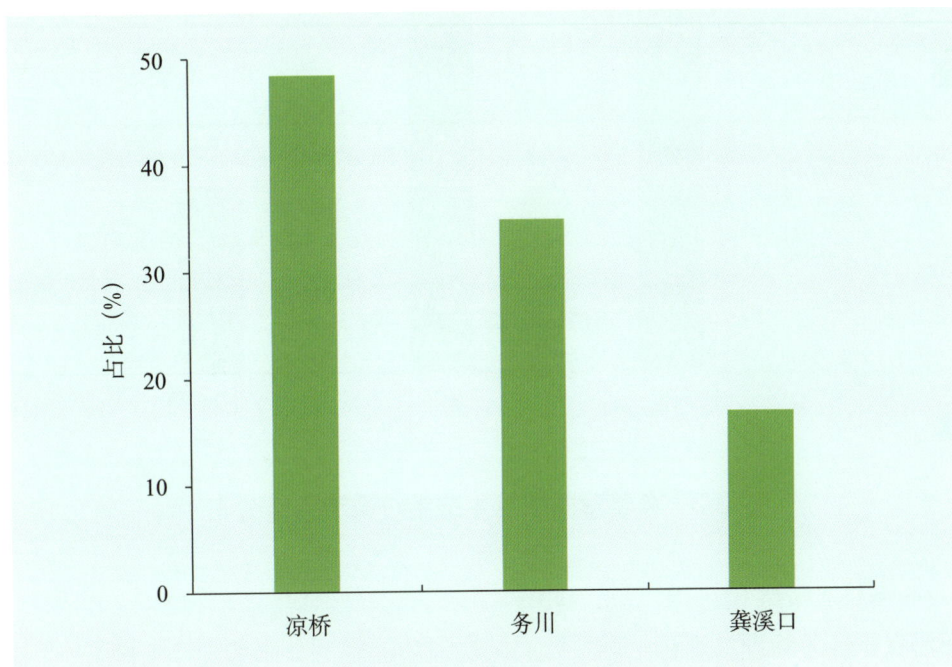

图 3-2　各管理站森林生态系统保肥量分布

（二）涵养水源功能

麻阳河保护区森林生态系统调节水量存在显著的空间差异（表 3-2 和图 3-3），表现为凉桥管理站最大，务川管理站居中，龚溪口管理站最小，分别占保护区森林生态系统总调节水量的 45.90%、37.95%、16.15%，这主要是因为凉桥管理站林地面积较大。由表 2-1 可知，凉桥管理站的林地面积是龚溪口管理站的 2.90 倍，是务川管理站的 1.43 倍。其次，植被生长状况对调节水量具有较大影响，植被覆盖率大、植被状况良好的地区，森林通过林冠截留、枯落物截留、土壤蓄水、地表径流等环节，起到涵养水源的作用（薛健等，2022）。就

涵养水源能力而言，务川管理站区域基本是属于核心区和缓冲区，森林覆盖率较高，森林资源较好，更好发挥森林涵养水源功能，提高保护区自然条件质量。另外，森林凋落物量和持水能力是反映森林水源涵养能力高低的重要因素之一（巍强等，2008）。有研究表明，枯落物量与林龄显著相关，正常条件下相同森林类型随着年龄的增长，枯落物总量呈增长趋势（彭云等，2008），在保护区内，凉桥管理站森林生态系统虽以中幼龄林为主，但与其他管理站相比，近熟林、成熟林和过熟林的占比较大。

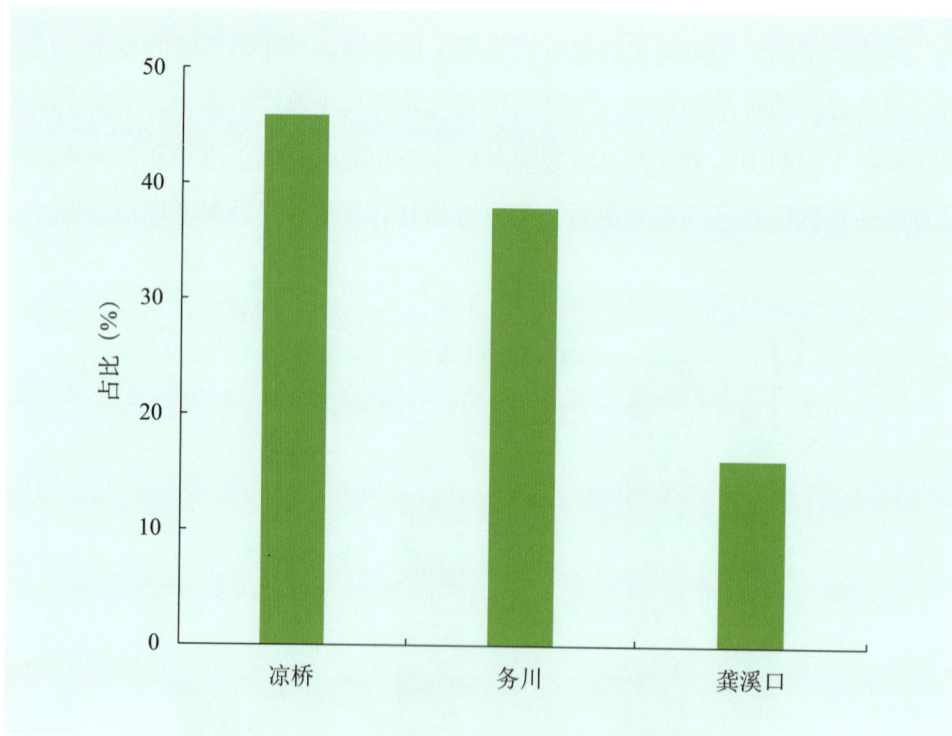

图 3-3　各管理站森林生态系统调节水量分布

（三）固碳释氧功能

麻阳河保护区各管理站森林生态系统固碳释氧功能空间分布如图 3-4 和图 3-5 所示，凉桥管理站森林生态系统固碳和释氧均最大、龚溪口管理站均最小。麻阳河保护区森林生态系统固碳释氧功能出现空间异质性主要与森林面积、林龄构成、林分类型和森林结构等因素有关。首先，凉桥管理的林地面积占保护区林地总面积的 48.89%，分布有大面积的乔木林和灌木林。其次，森林根据其林龄可分为幼龄林、中龄林、近熟林、成熟林和过熟林，其中中龄林固碳速度最大，而成熟林和过熟林由于其生物量基本停止增长，其碳素的吸收与释放基本平衡（王效科等，2021）。由表 2-6 可得，麻阳河保护区乔木林以中幼龄林为主，共计占保护区森林面积的 77.47%，其中凉桥管理站龄组结构较合理，以中幼龄林为主，成熟林和过熟林面积占比较少；务川管理站以幼龄林为主，幼龄林面积占管理站森林面积的66.53%。

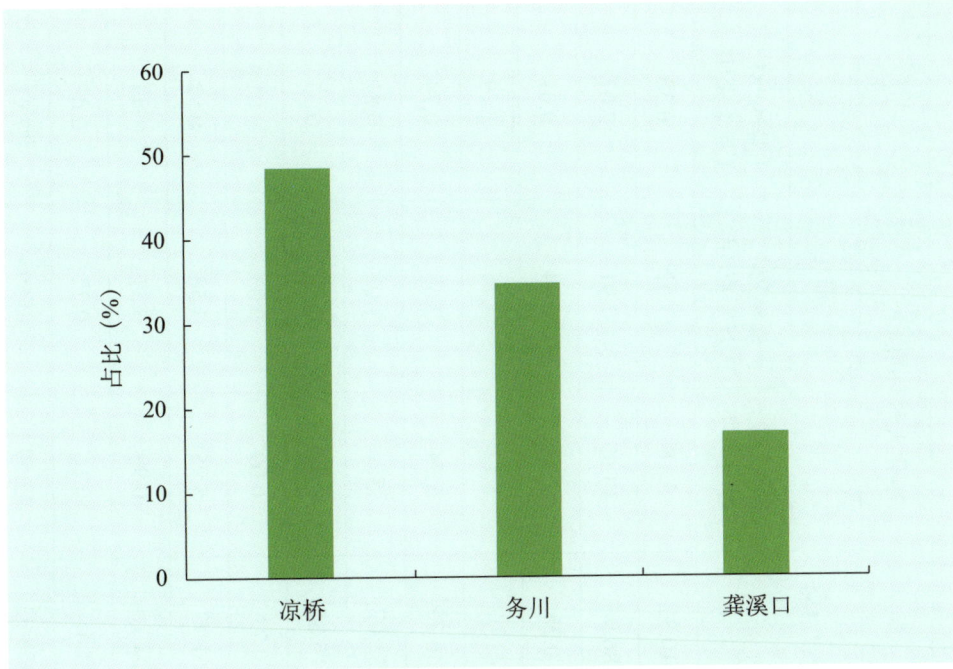

图 3-4 各管理站森林生态系统固碳量分布

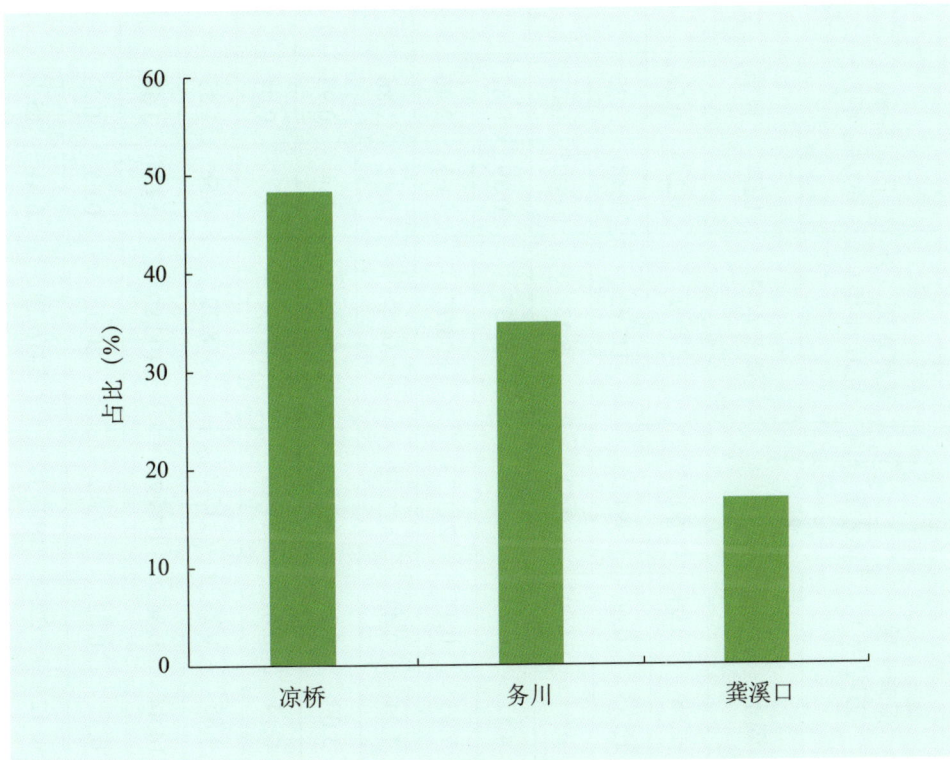

图 3-5 各管理站森林生态系统释氧量分布

三、不同优势树种（组）物质量评估结果

麻阳河保护区不同优势树种（组）生态系统服务功能物质量评估结果如表 3-3 所示。

表 3-3　不同优势树种（组）生态系统服务功能物质量评估结果

优势树种（组）	支持服务		林木养分固持量（吨/年）	调节服务			提供负离子（×10²²个/年）	吸收气体污染物（万千克/年）	净化大气环境		
	保育土壤（万吨/年）			涵养水源（万立方米/年）	固碳释氧（万吨/年）				滞纳TSP（万吨/年）	滞尘	
	固土	保肥		调节水量	固碳	释氧				滞纳PM₁₀（万千克/年）	滞纳PM₂.₅（万千克/年）
柏木（组）	1.58	0.09	60.33	179.9	0.24	0.58	0.76	10.37	3.18	1.52	0.36
马尾松（组）	10.85	0.66	391.03	977.62	1.44	3.33	3.01	86.96	14.99	7.91	2.02
华山松（组）	0.04	0.0003	0.52	3.73	0.0005	0.01	0.01	0.28	0.08	0.04	0.01
杉木（组）	4.12	0.23	68.38	453.37	0.39	0.82	1.19	61.07	8.12	4.76	1.19
软阔类	7.43	0.45	241.73	808.77	1.05	2.46	1.99	36.75	3.74	2.68	0.74
硬阔类	7.24	0.43	325.72	964.42	0.82	1.86	2.1	31.02	3.6	3.03	0.81
阔叶混	3.09	0.19	96.21	270.05	0.4	0.93	0.11	15.85	1.69	1.3	0.35
果树（组）	0.14	0.01	11.13	8.75	0.02	0.04	0.01	0.72	0.09	0.03	0.01
其他乔木林	4.85	0.28	117.2	538.29	0.58	1.33	1.4	61.72	5.95	3.58	0.92
灌木林	14.44	0.86	673.79	1190.89	1.61	3.64	0.96	52.75	0.99	5.51	1.44
竹林	0.33	0.02	7.06	20.5	0.05	0.1	0.16	1.45	0.16	0.22	0.07
合计	54.12	3.22	1993.11	5416.29	6.61	15.1	11.71	358.93	42.59	30.59	7.91

（一）保育土壤功能

麻阳河保护区各优势树种（组）年固土量的排序表现为灌木林＞马尾松（组）＞软阔类＞硬阔类＞其他乔木林＞杉木（组）＞阔叶混＞柏木（组）＞竹林＞果树（组）＞华山松（组），如图3-6所示。从图可以看出，灌木林、马尾松（组）和阔叶类树种在固持土壤方面起主导作用：一方面是保护区内灌木林、马尾松（组）和阔叶类树种的面积占比较大，尤其是灌木林的面积占保护区林地总面积的32.92%；另一方面，灌木和阔叶树种生长过程中在地表产生大量的枯枝落叶层，直接影响土壤侵蚀的主要动力和地表径流的形成及其数量，并且这些树种自身庞大的根系更有助于土壤结构的改善，进而有效地减少了土壤侵蚀量，增强土壤抗冲和抗蚀的能力（靳芳等，2005）。

在麻阳河保护区的主要优势树种（组）中，灌木林、马尾松（组）、软阔类和硬阔类等树种的保肥量较大（图3-6），它们对整个保护区森林生态系统保肥的贡献率分别为74.53%。有关研究表明，阔叶林枯落物含有较丰富的营养元素，它们又比针叶林容易矿化，而且阔叶林中多形成使土壤团粒结构多、肥力较高的柔软死地被物，针叶林中多形成使土壤酸化、肥力较低的粗糙死地被物，因而阔叶林更容易积累土壤养分，更有利于林地肥力的提高。

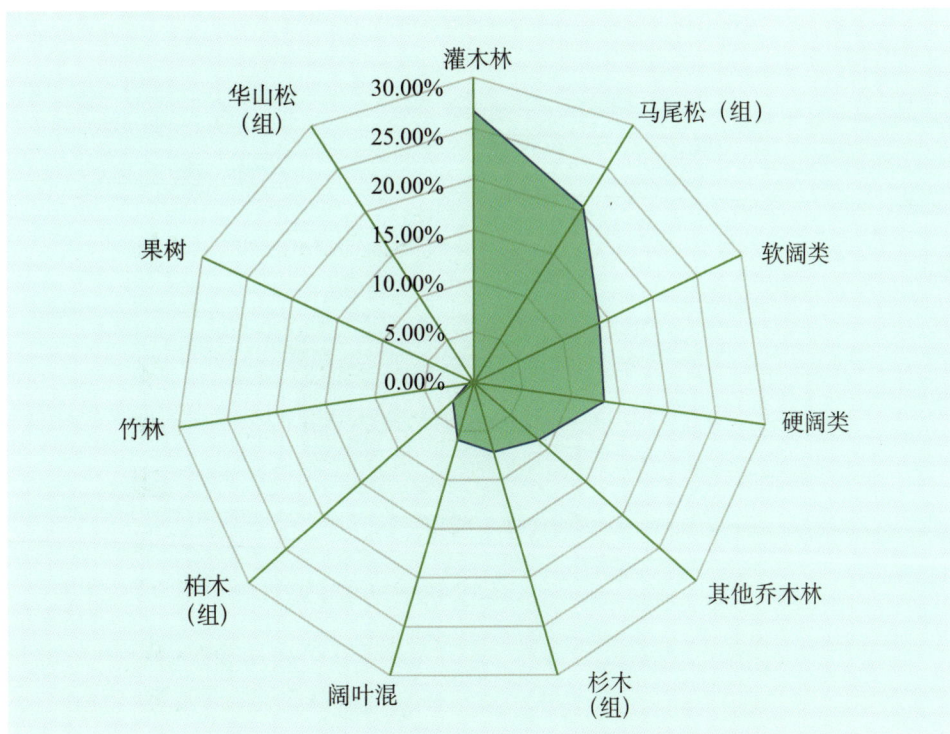

图3-6 不同优势树种（组）保肥量占比排序

（二）涵养水源功能

不同优势树种（组）涵养水源功能物质量评估结果显示：灌木林、马尾松（组）、硬阔类、软阔类等对整个保护区森林生态系统的贡献率高达72.77%（图3-7）。究其原因，首先，这

4 种优势树种（组）的面积为 18423.48 公顷，占保护区林地比例高达 72.71%。其中，灌木林面积高达 8341.25 公顷，占保护区林地总面积的 32.92%，呈片段化分布于山中上部坡度平缓、土层较深厚、人为活动频繁的区域；以栓皮栎、小花木荷、青冈栎等为主的硬阔类呈集中分布；马尾松（组）则呈斑块状分布于保护区的北部和中部地区。其次，有关研究表明，水源涵养在林冠层、枯落物层和土壤层这三个层次中，枯落物层的贡献最大。马尾松的枯落物难于腐烂分解，在林内积累量大，表明枯落物层具有保护土壤免受雨滴冲击和增加土壤腐殖质和有机质的作用，并参与土壤团粒结构的形成，有效地增加土壤孔隙度减缓地表径流速度，为林地土壤层蓄水、滞洪提供了物质基础（林光耀等，1995），这是马尾松（组）对保护区森林涵养水源的重要贡献。由表 2-3 可知，马尾松（组）面积是硬阔类树种的 1.40 倍，但马尾松（组）和硬阔类的调节水量相差较小，这可能是由于针叶树种凋落物中含有较多的油脂，使凋落物不易分解；同时，油脂的存在使凋落物对水产生了排斥性，它不易吸持及储存水分，其持水量自然会减少（张德强等，2000）。另外，硬阔类和软阔类的涵养水源功能占保护区总涵养水源量的 32.74%，这可能是由于阔叶树种枯落物中木质素、纤维和次生代谢产物含量较低，更易于分解，能够有效降低土壤容重，改善土壤通气性能，从而提高土壤的持水量（梁文斌等，2015）。

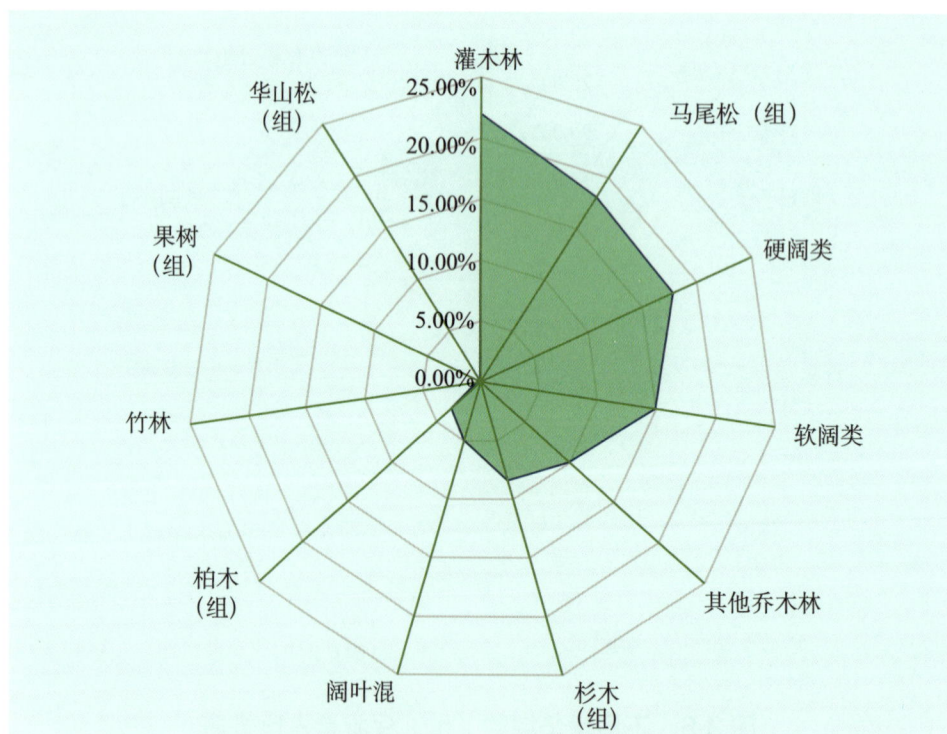

图 3-7　优势树种（组）调节水量占比排序

（三）固碳释氧功能

不同优势树种（组）固碳释氧功能物质量评估结果如图 3-8 和图 3-9 所示。在麻阳河保

护区的主要优势树种（组）中，灌木林、马尾松（组）、软阔类和硬阔类等的固碳和释氧能力较强，它们对整个保护区森林生态系统固碳和释氧的贡献率分别为 74.43% 和 74.77%；而

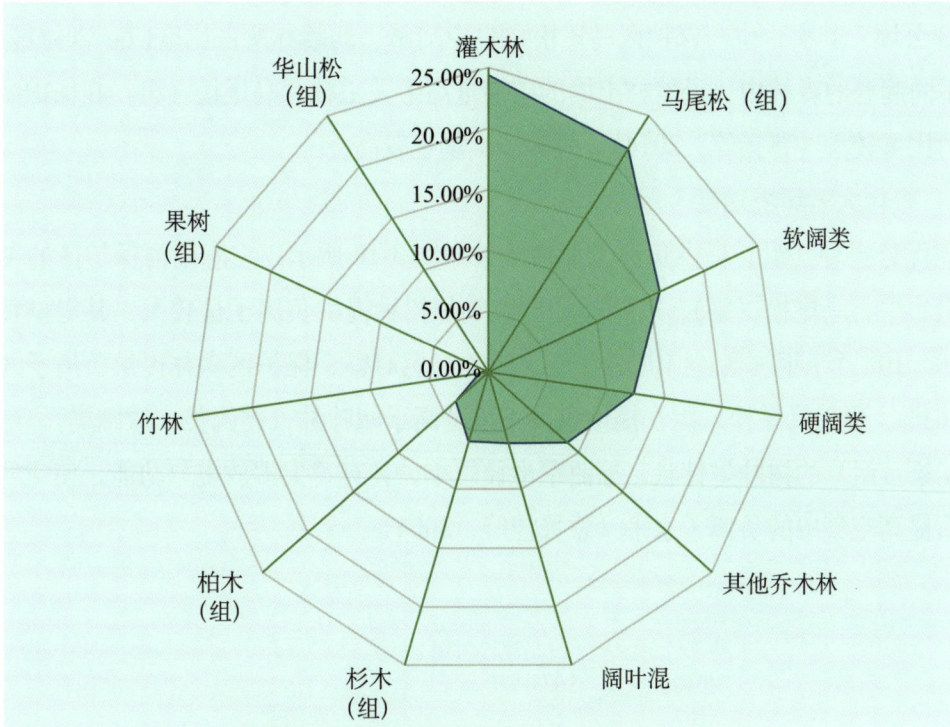

图 3-8　优势树种（组）固碳量占比排序

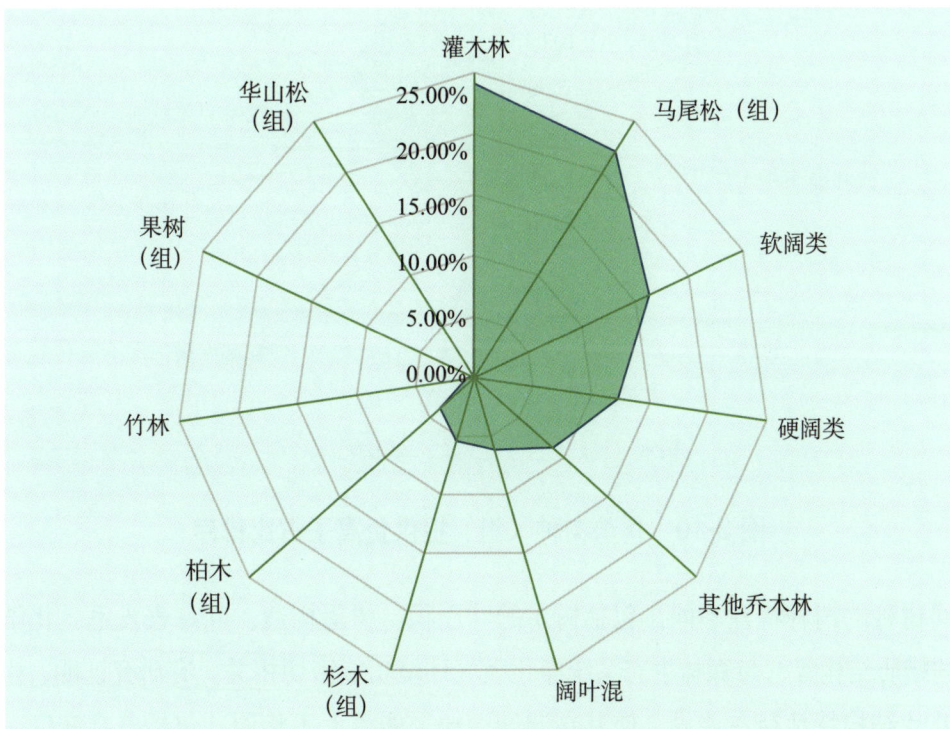

图 3-9　优势树种（组）释氧量占比排序

竹林、果树（组）、华山松（组）的固碳和释氧均较低，对整个保护区森林生态系统固碳和释氧的贡献率分别为1.07%和0.99%。首先，这与其森林面积有关，灌木林、马尾松（组）、软阔类和硬阔类等树种的面积合计为18423.48公顷，竹林、果树（组）、华山松（组）面积为237.53公顷。其次，也与保护区马尾松(组)中龄林、幼龄林所占比重(74.72%)过大有关。另外，不同起源的森林中，天然林土壤的碳储量高于人工林，马尾松（组）在保护区中天然林所占的比重较大（曹扬等，2014），故其固碳量也较高。

（四）净化大气环境功能

不同优势树种（组）提供负离子评估结果如图3-10所示。在麻阳河保护区的主要优势树种（组）中，马尾松（组）、软阔类和硬阔类等树种提供负离子量较大，其提供负离子均介于1.90×10^{22} 个 / 年～3.1×10^{22} 个 / 年之间，它们对整个保护区森林提供负离子的贡献率共为60.63%，显然马尾松（组）提供负离子浓度高于阔叶林（硬阔类、软阔类），这主要是由于马尾松（组）的树叶呈针状，等曲率半径较小，具有"尖端放电"功能，使空气发生电离，从而提高空气中的负离子水平（蒙晋佳等，2004）。

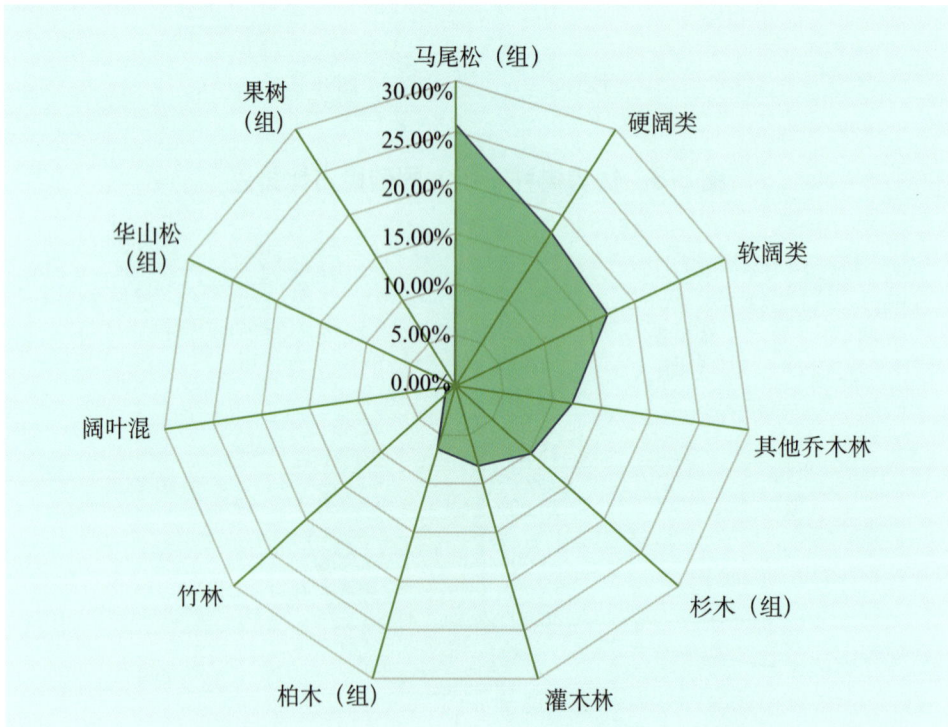

图 3-10 优势树种（组）提供负离子占比排序

不同树种的树种特性不同，包括树木的叶面积、树冠构造、叶片表皮毛、化学成分和上叶面的蜡质结构等，与森林生态系统净化大气环境功能密切相关。有研究证明，由于不同树种的叶片结构特性存在差异，使其在滞纳颗粒物能力大不相同，包括气孔密度、叶面积指数、叶片表面粗糙及茸毛、分泌黏性油脂和汁液等（牛香等，2017）。针叶树种与阔叶树

种相比，针叶树茸毛较多、表面分泌更多的油脂和黏性物质，气孔密度较大，污染物易于在叶表面附着和滞留；阔叶树种虽然叶片较大，但叶表面比较光滑，分泌的油脂和黏性物质较少，污染物不易在叶表面附着和滞留；另外，针叶树种为常绿树种，叶片可以一年四季滞

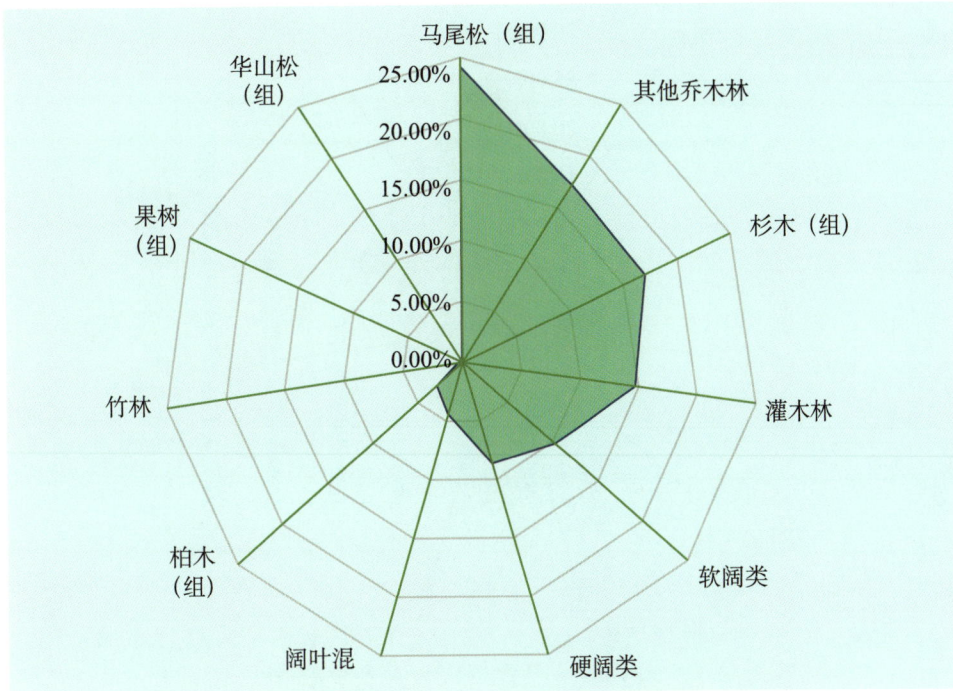

图 3-11　优势树种（组）吸收气体污染物占比排序

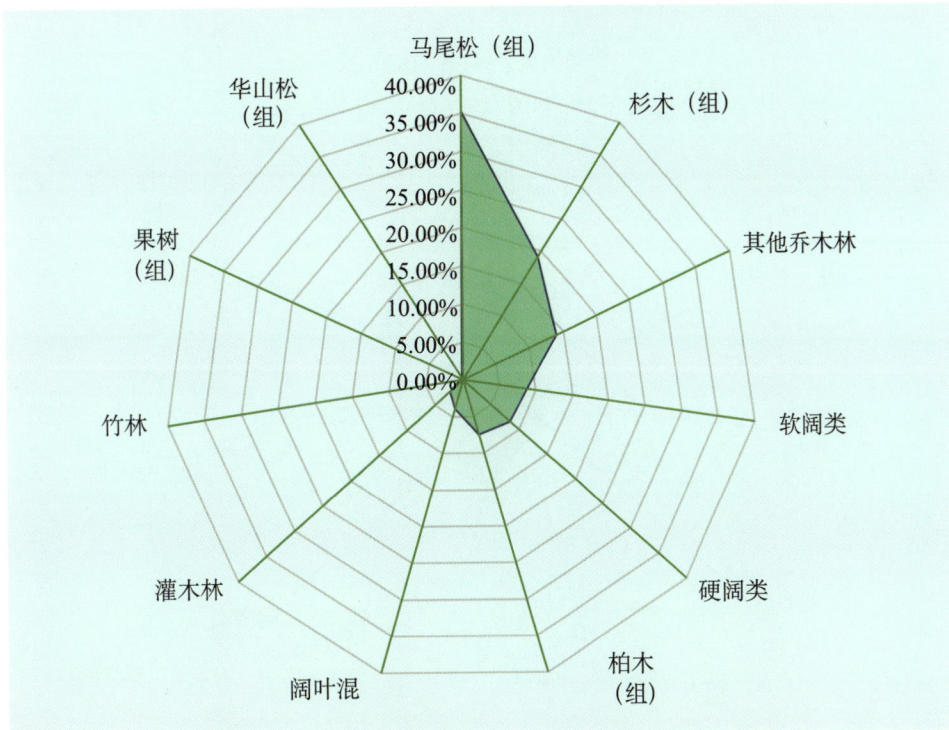

图 3-12　优势树种（组）滞纳 TSP 占比排序

纳颗粒物。因此，麻阳河保护区马尾松杉木（组）和杉木（组）在吸收气体污染物、滞纳 TSP、$PM_{2.5}$、PM_{10} 等颗粒物的能力明显优于阔叶林（图 3-11 至图 3-14）。

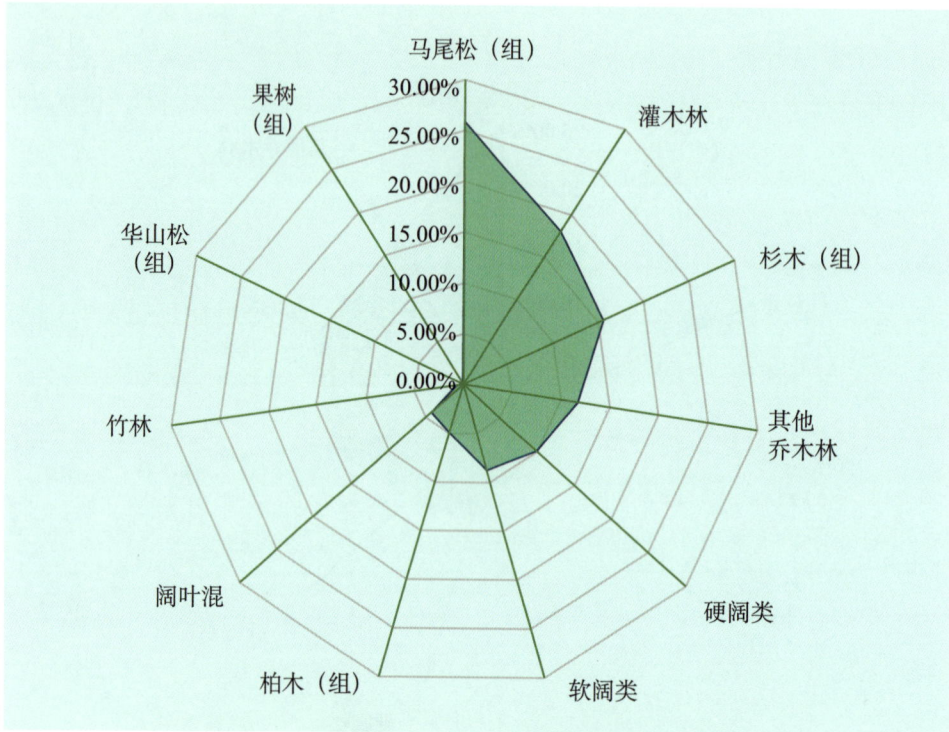

图 3-13 优势树种（组）滞纳 PM_{10} 占比排序

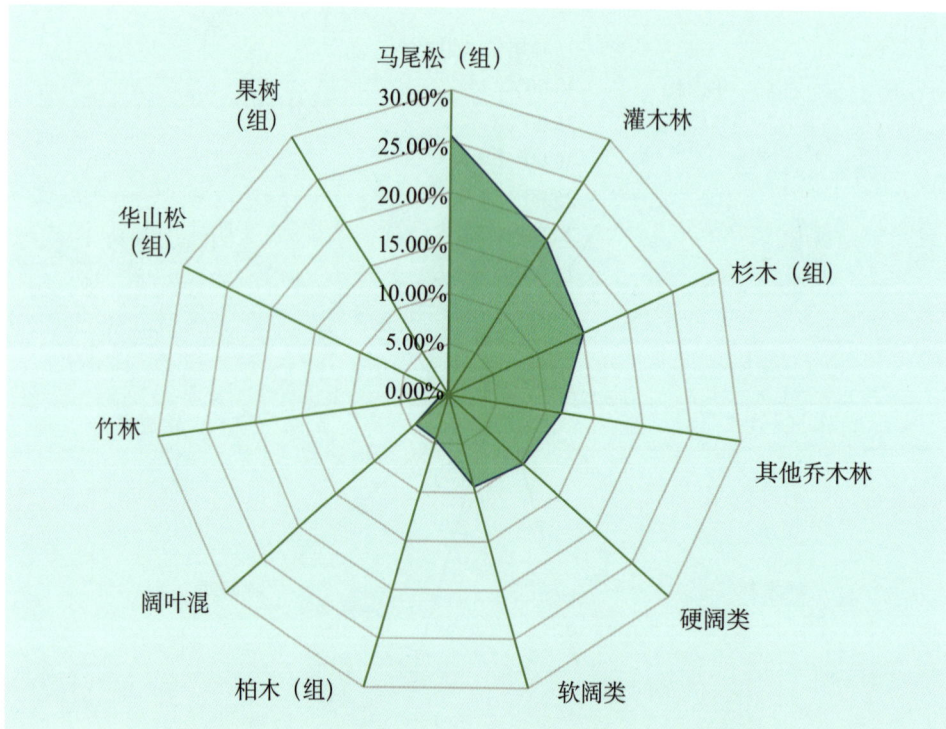

图 3-14 优势树种（组）滞纳 $PM_{2.5}$ 占比排序

四、森林全口径碳汇

2020 年 9 月，习近平总书记在第七十五届联合国大会一般性辩论上宣布，"中国将提高国家自主贡献力度，采取更加有力的政策和措施，二氧化碳排放力争于 2030 年前达到峰值，努力争取 2060 年前实现碳中和"。2021 年 11 月，在格拉斯哥气候大会前，我国正式将其纳入新的国家自主贡献方案并提交联合国。碳达峰是指我国碳排放量将于 2030 年前达到峰值，并进入平稳期，其间虽有波动，但总体保持下降趋势；碳中和是指通过采取除碳等措施，使碳清除量与排放量达到平衡，即中和状态；碳达峰与碳中和简称"双碳"。目前，实现"双碳"目标已纳入《中共中央关于制定国民经济和社会发展第十四个五年规划和二〇三五年远景目标的建议》。森林生态系统作为陆地生态系统最大的碳储库，在全球碳循环过程中起着非常重要的作用，"双碳"背景下林业的地位和作用更加凸显。2021 年，国家林业和草原局新闻发布会介绍，我国森林资源中幼龄林面积占森林面积的 60.94%。中幼龄林处于高生长阶段，伴随森林质量不断提升，其具有较高的固碳速率和较大的碳汇增长潜力，这对我国碳达峰、碳中和具有重要作用。

> 碳达峰（peak carbon dioxide emissions）：指某个地区或行业年度二氧化碳排放达到峰值且不再增长，随后逐渐回落。根据世界资源研究所的介绍，碳达峰是一个过程，即碳排放首先进入平台期并可以在一定范围内波动，之后进入平稳下降阶段。
>
> 碳中和（carbon neutrality）：指国家、企业、产品、活动或个人在一定时间内直接或间接产生的二氧化碳或温室气体排放总量，通过植树造林、节能减排等形式，以抵消，达到相对"零排放"。

2020 年，国际知名学术期刊《自然》发表的多国科学家最新研究成果显示，2010—2016 年我国陆地生态系统年均吸收约 11.1 亿吨碳，吸收了同时期人为碳排放量的 45%。该数据表明，此前中国陆地生态系统碳汇能力被严重低估。我国森林生态系统碳汇能力之所以被低估，主要原因是碳汇方法学存在缺陷，即推算森林碳汇量采用的材积源生物量法是通过森林蓄积量增量进行计算的，而一些森林碳汇资源并未被统计其中（王兵，2021），导致我国森林碳汇能力被低估。基于目前森林碳汇评估中存在的问题，结合中国森林资源核算项目一期、二期、三期研究成果，中国林业科学研究院王兵研究员提出了森林碳汇资源和森林全口径碳汇新理念。

森林植被全口径碳汇＝森林资源碳汇（乔木林碳汇＋竹林碳汇＋特灌林碳汇）＋疏林地碳汇＋未成林造林地碳汇＋非特灌林灌木林碳汇＋苗圃地碳汇＋荒山灌丛碳汇＋城区和乡村绿化散生林木碳汇，其中含森林生态系统土壤年碳汇增量。

森林全口径碳汇能更全面地评估我国的森林碳汇资源，将能够提供碳汇功能的森林资源，包括乔木林、竹林、特灌林、疏林地、未成林造林地、非特灌林灌木林、苗圃地、荒山

灌丛、城区和乡村绿化散生林木等森林碳汇纳入森林生态系统碳汇中，避免我国森林生态系统碳汇能力被低估，同时彰显出我国林业在"碳中和"中的重要地位。

在 2021 年 1 月 9 日召开的中国森林资源核算研究项目专家咨询论证会上，中国科学院院士蒋有绪、中国工程院院士尹伟伦肯定了这一理念，对森林生态系统服务价值核算的理论方法和技术体系给予高度评价。尹伟伦表示，生态价值评估方法和理论，推动了生态文明时代森林资源管理多功能利用的基础理论工作和评价指标体系的发展。蒋有绪表示，固碳功能的评估很好地证明了中国森林生态系统在碳减排方面的重要作用，希望在"碳中和"任务中担当重要角色。

目前，森林生态系统碳汇的测算研究主要有生物量换算、森林生态系统碳通量测算和遥感测算三种主要途径。其中，基于生物量换算途径的森林碳储量测算方法主要有样地实测法（Brown et al.，1982；王兵等，2010）、材积源生物量法（Fang et al.，1998；Segura et al.，2005；林卓，2016）；基于森林生态系统碳通量途径的测算方法是净生态系统碳交换法（王兴昌等，2008；姚玉刚等，2011；陈文婧等，2013）；基于遥感测算途径的测算方法是遥感判读法（田晓敏等，2021）。其中，样地实测法由于直接、明确、技术简单，省去了不必要的系统误差和人为误差，可以实现森林碳汇的精确测算（Whittaker et al.，1975）。

> 样地实测法（measurement of sample plot）：是在固定样地上用收获法连续调查森林的碳储量，通过不同时间间隔的碳储量的变化，测算森林生态系统的碳汇功能的一种碳汇测算方法。

（一）理论基础

森林生态系统的碳储量可通过生物量进行估算。由于植物通过光合作用可以吸收并贮存二氧化碳，植物每生产 1 克生物量(干物质)需吸收固定 1.63 克二氧化碳，可用生物量(干物质）重量来推算植物从大气中固定和贮存二氧化碳量（Hazarika et al.，2005；Zeng et al.，2008），计算公式如下：

$$M_C = 1.63 \times 12 \div 44 C_B \approx 0.445 C_B \tag{3-1}$$

式中：M_C——碳储量（吨碳／公顷）；

C_B——生物量（吨／公顷）。

森林生态系统碳库是由植被碳库和土壤碳库组成的。近年来，研究者对植被碳储量进行了大量研究（Fang et al.，2007），但土壤碳储量的研究相对薄弱。由于在树木生长过程中，树木通过光合作用吸收固定的绝大部分碳由根系和枯枝落叶转化成土壤有机质，蕴藏在土壤中。当林地的属性不发生变化时，林地土壤固碳能力通常不会发生较大的变动。因此，土壤

是一个巨大的碳库，准确估算森林土壤碳汇作用变得尤为重要。土壤碳库的样地实测也是通过一段时间间隔内森林土壤碳储量的变化来测算森林生态系统的碳汇功能。

Kolari 等（2004）通过样地实测法计算了植被碳储量和土壤碳储量，获得整个森林生态系统的碳汇。2010 年，"中国森林生态服务功能评估"项目组利用样地实测法，收集了大量长期野外观测数据，测算了植被碳储量和土壤碳储量，基于分布式测算方法获得了全国森林生态系统碳储量及其空间格局、动态变化情况（张永利等，2010；"中国森林生态服务功能评估"项目组，2010）。2013—2015 年，退耕还林生态效益监测国家报告基于森林生态连续清查体系，应用样地实测法对退耕还林重点省份、黄河和长江中下游区域以及风沙区森林生态系统碳储量及其空间格局、动态变化情况进行研究（国家林业局，2013，2014，2015)；"中国森林资源核算研究"（2015）项目组利用样地实测法，获得了第八次全国森林清查后的全国森林生态系统碳储量。

（二）测算方法

为精确测量森林生态系统的碳汇功能，样地实测法需要将植被、凋落物和土壤各部分的碳储量进行实测，累加后得到整个森林生态系统的碳储量。森林生态系统固碳量分为植被固碳和土壤固碳两部分。其中，植被固碳包括地上和地下生物量的变化量；土壤固碳包括凋落物、根系等死有机物和土壤碳储量的变化量。

1. 植被层碳储量

野外实测森林生态系统总生物量与净初级生产力，探索森林生态系统碳密度空间分布特征；研究森林生态系统碳储量及年净固碳量的动态变化规律，为森林生态系统碳汇功能以及森林生态系统碳储量和碳循环研究提供基础数据。

（1）植被层生物量。根据单位面积乔木层生物量的计算公式如下：

$$W = \frac{G}{\sum\limits_{i=1}^{n} g_i} \times \sum\limits_{i=1}^{n} W_i \tag{3-2}$$

式中：W——单位面积乔木生物量（千克）；

$\quad\quad G$——胸高断面积（平方米）；

$\quad\quad g_i$——标准木胸高断面积（平方米）；

$\quad\quad W_i$——标准木生物量（千克）。

标准木生物量计算公式如下：

$$W_i = W_R + W_S + W_B + W_L \tag{3-3}$$

式中：W_i——标准木生物量（千克）；

$\quad\quad W_R$——根系生物量（千克）；

$\quad\quad W_S$——树干生物量（千克）；

W_B——树枝生物量（千克）；

W_L——树叶和花、果的生物量（千克）。

（2）植被层年净初级生产力。根据植被生物量的动态数据，可用增重积累法对植被净初级生产力（NPP）进行测算，计算公式如下：

$$NPP=\frac{W_a-W_{a-n}}{n} \tag{3-4}$$

式中：NPP——植被年净初级生产力[千克／（公顷·年）]；

W_a——第 a 年测定的单位面积生物量[包括乔木层、灌木层、草本层、层间植物生物量和凋落物量，千克／（公顷·年）]；

W_{a-n}——第 $a-n$ 年测定的单位面积生物量[包括乔木层、灌木层、草本层、层间植物生物量和凋落物量，千克／（公顷·年）]；

n——间隔年数。

（3）植被层固碳量。计算公式如下：

$$G_{植被固碳}=1.63R_{碳} \times A \times B_{年} \times F \tag{3-5}$$

式中：$G_{植被固碳}$——评估林分年固碳量（吨／年）；

$B_{年}$——实测林分净生产力[吨／（公顷·年）]；

$R_{碳}$——二氧化碳中碳的含量，为 27.27%；

A——林分面积（公顷）；

F——森林生态系统服务功能修正系数。

公式计算得出森林的潜在年固碳量，再从其中减去由于森林年采伐造成的生物量移出从而损失的碳量，即为森林的实际年固碳量。

2. 土壤层碳储量

森林生态系统土壤固碳量的计算采用两次评估期间土壤有机碳储量的差值计算得到。依据土壤类型和植被类型的空间分布设置土壤采样点并通过剖面法采集土壤样品，样品带回实验室后通过 $FeSO_4$ 滴定的方法测定土壤中有机碳含量，具体采样方法和试验方法参照《森林生态系统长期定位观测方法》（GB/T 33027—2016）和《森林土壤分析方法》（LY/T 1210—1275）。

（1）土壤有机碳含量。计算公式如下：

$$SOC=\frac{\frac{c \times 5}{V_0} \times (V_0-V) \times 10^{-3} \times 3.0 \times 1.1}{m \times k} \times 1000 \tag{3-6}$$

式中：SOC——土壤有机碳含量（克／千克）

c——0.8000 摩尔／升（1/6 重铬酸钾）标准溶液的浓度；

5——重铬酸钾标准溶液加入的体积（毫升）；

V_0——空白滴定消耗的硫酸亚铁体积（毫升）；

V——样品滴定消耗的硫酸亚铁体积（毫升）；

3.0——1/4 碳原子的摩尔质量（克／摩尔）；

10^{-3}——将毫升换算成升；

1.1——氧化校正系数；

m——风干土样质量（克）；

k——烘干土换算系数。

（2）土壤有机碳密度。计算公式如下：

$$SOCD_k = C_k \times D_k \times E_k \times (1-G_k)/100 \tag{3-7}$$

式中：$SOCD_k$——第 k 层土壤有机碳密度（千克／平方米）；

　　　k——土壤层次；

　　　C_k——第 k 层土壤有机碳含量（克／千克）；

　　　D_k——第 k 层土壤密度（克／立方厘米）；

　　　E_k——第 k 层土层厚度（厘米）；

　　　G_k——第 k 层土层中直径大于 2 毫米石砾所占体积百分比（%）。

（3）土壤有机碳储量。计算公式如下：

$$TSOC = \sum_{i=1}^{k} SOCD_i \times S_i \tag{3-8}$$

式中：$TSOC$——土壤有机碳储量（千克）；

　　　$SOCD_i$——第 i 样方土壤有机碳密度（千克／平方米）；

　　　S_i——土壤碳储量计算样方。

（4）土壤层固碳量。计算公式如下：

$$G_{土壤固碳} = \frac{TSOC_a - TSOC_{a-n}}{n} \tag{3-9}$$

式中：$G_{土壤固碳}$——评估林分对应的土壤年固碳量（吨／年）；

　　　$TSOC_a$——第 a 年评估林分土壤有机碳储量（吨）；

　　　$TSOC_{a-n}$——第 $a-n$ 年评估林分土壤有机碳储量（吨）；

　　　n——间隔年数。

3. 森林全口径固碳量

分别计算森林资源碳汇（乔木林碳汇＋竹林碳汇＋特灌林碳汇）、疏林地碳汇、未成林造林地碳汇、非特灌林灌木林碳汇、苗圃地碳汇、荒山灌丛碳汇、城区和乡村绿化散生林木碳汇，最后汇总为森林植被全口径碳汇。

年固碳量计算公式如下：

$$G_{碳}=G_{植被固碳}+G_{土壤固碳} \tag{3-10}$$

式中：$G_{碳}$——评估林分生态系统年固碳量（吨／年）；

　　　$G_{植被固碳}$——评估林分植被层年固碳量（吨／年）；

　　　$G_{土壤固碳}$——评估林分对应的土壤年固碳量（吨／年）。

公式计算得出森林的潜在年固碳量，再从其中减去由于森林年采伐造成的生物量移出从而损失的碳量，即为森林的实际年固碳量。

森林固碳释氧机制是通过自身的光合作用过程吸收二氧化碳，制造有机物，积累在树干、根部和枝叶等部位，并释放出氧气，从而抑制大气中二氧化碳浓度的上升，体现出绿色减排的作用（Niu et al.，2012）。

第二节　森林生态产品价值量评估

森林生态系统产生的服务是最普惠的民生福祉，SEEA 生态系统实验账户针对不同生态系统服务货币价值评估，也提供了一些建议的定价方法，主要包括：①单位支援租金定价法；②替代成本方法；③生态系统服务付费和交易机制；④能值法。在森林生态系统服务功能价值量评估中，主要采用等效替代原则，用替代品的价格进行等效替代，核算某项评估指标的价值量（潘勇军，2013）。在具体选取替代品的价格时遵守权重当量平衡原则，考虑计算所得的各评估指标价值量在总价值量中所占的权重，使其保证相对平衡。依据国家标准《森林生态系统服务功能评估规范》（GB/T 38582—2020），采用分布式测算方法，从保育土壤、林木养分固持、涵养水源、固碳释氧、净化大气环境、生物多样性保护等方面对麻阳河保护区 2021 年森林生态产品价值量进行核算。

> 等效替代：在保证某项生态系统服务效果相同的前提下，将深奥的、复杂的、不易测算的自然过程和社会效果用等效的、简单的、易于测算的自然过程和社会效果来代替的评估方法。
>
> 权重当量平衡法：定量评价某一物理问题和物理过程采用各分量在总量中所占权重而使其归一化量值相对平衡并具备可比性的测算方法。

一、总核算结果

麻阳河保护区位于大娄山脉北东，主要分布于乌江的两条支流，有由带状分布的山峰

或侵蚀台阶、溶蚀盆地、尘洼地等构成的颇具特色的层状山岳地貌景观。保护区两条河谷森林植被保存良好，因此其森林生态系统服务功能较强。根据《铜仁市统计年鉴（2022）》显示，2021 年麻阳河保护区森林生态系统保育土壤功能、林木养分固持功能、涵养水源功能、固碳释氧功能、净化大气环境功能、生物多样性保护功能、科研科普提供的总价值为 24.61 亿元 / 年，是铜仁市 2021 年林业总产值（47.23 亿元）的 52.11%，相当于同年贵州省铜仁市沿河土家族自治县地区生产总值（131.7 亿元）的 18.69%，表明森林生态系统除为社会提供林副产品价值外，还具有巨大的生态价值，且这种价值对人类的贡献比林副产品提供的价值更显著，在国民经济中占有一定比重，发挥着不可替代的作用。作为"最公平的公共产品"和"最普惠的民生福祉"，麻阳河保护区森林生态系统相当于每年为铜仁市每位常住居民（2021 年铜仁市常住人口 328.26 万人）提供 749.71 元的生态系统服务价值。保护区森林生物多样性保护（其中，植物和旗舰动物保育价值量分别占总价值量 28.51%、16.73%）、涵养水源和科研科普（其中，科研价值和科普价值分别占总价值量 11.54%、1.58%）的价值分别占总价值的 45.24%、19.46%、13.12%，合计占总价值的 77.82%（图 3-15），表明这 3 项功能在麻阳河保护区森林生态产品中占有重要位置，是保护区森林生态系统的主要生态功能，评估结果充分展示了麻阳河保护区在生物多样性保护方面的重要作用，尤其是对于保护区旗舰动物——黑叶猴的保护作用尤为明显。

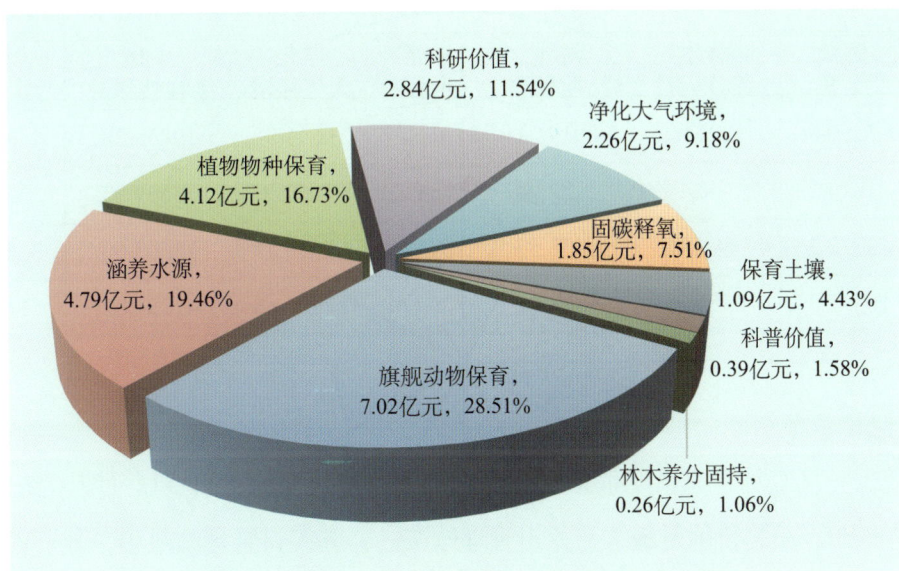

图 3-15 麻阳河保护区森林生态系统服务功能价值量评估结果

另外，麻阳河保护区从 1987 年建立起至 1991 年完成了本底资源调查，1996 年至 1997 年协同贵州省林业厅动植物保护处完成黑叶猴生态习性监测研究、黑叶猴资源现状调查、黑叶猴食物林的规划设计和实施等研究课题。2003 年麻阳河保护区管理局在中国科学院昆明动物研究所的资助下，完成了黑叶猴种群数量调查；2004 年在国际野生动植物保护协会

（FFI）项目的资助下，国内外专家及贵州省内保护区科研人员参加完成了黑叶猴保护现状调查项目。

麻阳河保护区管理局还利用电视、报刊各种宣传媒介广泛宣传保护区的各项工作进展和区内的森林资源、自然景观。中央电视台《新闻30分》栏目、国际频道新闻栏目、贵州电视台《发现贵州》栏目等曾多次报道麻阳河保护区科考及黑叶猴的保护管理等。央视高清频道为2008年奥运会前准备的《美丽中国》栏目就在麻阳河保护区拍摄相关内容，现已有重庆市及贵州省周边地区多学科科研人员到保护区参观考察，相邻市（县）把麻阳河保护区作为青少年科普教育基地，先后有北京林业大学、东北林业大学、西南林业大学、西华师范大学、贵州大学、贵州师范大学、贵州林校等把麻阳河保护区作为科研教学基地。FFI项目组已将麻阳河保护区作为我国黑叶猴优先保护和科学研究基地。由此可见，麻阳河保护区的科研科普价值也非常显著。

二、各管理站价值量评估结果

麻阳河保护区各管理站森林生态系统服务功能价值量核算结果如表3-4所示。

表3-4 麻阳河保护区各管理站森林生态产品价值量核算结果

管理站	支持服务（万元/年）		调节服务（万元/年）			供给服务（万元/年）	总价值（万元/年）
	保育土壤	林木养分固持	固碳释氧	涵养水源	净化大气环境	生物多样性保护	
凉桥	5290.86	1221.02	8919.31	21981.97	10611.96	19858.25	67883.36
龚溪口	1814.23	440.14	3122.94	7736.72	4060.95	6869.03	24044.02
务川	3772.26	892.96	6433.57	18172.2	7930.75	14507.59	51709.33
合计	10877.35	2554.12	18475.82	47890.88	22603.66	41234.87	143636.71

（一）总价值量

麻阳河保护区森林生态系统生态产品总价值量存在明显的空间差异（图3-16），凉桥管理站的森林生态产品总价值量最大、务川管理站次之、龚溪口管理站最小，分别占保护区森林生态系统服务功能总价值量的47.26%、16.74%、36.00%。

（二）绿色水库

麻阳河保护区内共分布有河流水道61条。其中，一级水道46条、二级水道10条、三级水道3条、四级水道2条。高级水道（三、四级河流）受断层的控制，主要为麻阳河、兰字河及洪渡河，低级水道则主要受地表径流的控制，分布于分水岭附近或山地中上部，数量多、流路短，多呈树枝状结构，并形成大量附加水道，因此保护区水资源较为丰富（高华端

等，2021）。但由于麻阳河保护区因其喀斯特地貌而形成了地下水位低、地表渗透强烈的特点，致使地下水资源丰富但利用效率低，降雨量大但地表径流量小，这就更突显麻阳河保护区加强对森林资源保护与管理、发挥森林涵养水源功能的重要性。

图 3-16　各管理站森林生态系统服务功能总价值量

麻阳河保护区各管理站森林生态系统绿色水库功能价值量核算结果如图 3-17，其中凉桥管理站和务川管理站森林生态系统涵养水源总价值量占保护区的 83.85%。由此可看出，凉桥管理站和务川管理站森林生态系统涵养水源功能对于麻阳河保护区森林生态系统的重要性。从空间分布上看，麻阳河保护区南部的涵养水源价值高于北部，这与各管理站的地势、坡度、森林面积有较大关系。森林是一个"绿色、安全、永久"的水库，不仅能拦蓄降水、调节径流，还在产水、净水、拦洪、补枯等方面发挥着重要作用。据测算，1 万公顷林地所蓄水量相当于一座 300 万立方米的水库，麻阳河保护区森林生态系统调节水量 5416.29 万立方米 / 年，相当于贵州省铜仁市思林水电站调节库容量（3.17 亿立方米）的 17.09%。

图 3-17　各管理站森林生态系统绿色水库空间分布

（三）绿色碳库

　　近年来，随着社会工业化的高速发展，污染和耗能也随之增加，二氧化碳大量排放产生了温室效应，进而引起全球变暖，导致地球极地冰川融化、雪线上升和海水热膨胀，致使海平面升高，气候反常，异常天气灾害频发。森林是陆地上面积最大、最复杂的生态系统，不仅具有显著的经济和社会效益，还具有巨大的生态效益，尤其在碳汇方面发挥着重要的作用。

　　党的二十大报告指出要积极稳妥推进碳达峰碳中和。在"双碳"目标的大背景下，激活森林、草原、湿地等生态系统潜能尤其是资源占比最高的森林碳汇，将成为撬动绿色转型发展的重要支点。近年来，麻阳河保护区顺应国家"双碳"目标要求，积极推动林草产业转型升级，实现生态资源向生态经济的转变，大力发展花椒产业，布局花椒产业基地并建设产业园区；积极开展天然林保护修护项目，加强保护区森林资源管护和退化天然林修复，使得保护区的生态功能及固碳能力不断提升。

　　通过本次评估可知，麻阳河保护区森林生态系统的固碳释氧功能在维护该地区的生态安全发挥着重要的作用。麻阳河保护区各管理站森林生态系统固碳释氧功能价值量核算结

果如图 3-18 所示，凉桥管理站森林生态系统固碳释氧价值量最大、务川管理站次之、龚溪口管理站最小，分别占保护区森林生态系统固碳释氧总价值量的 48.28%、34.82%、16.90%，这主要与凉桥管理站林地面积较大，且以中幼龄林为主有关。

图 3-18　各管理站森林生态系统绿色碳库空间分布

（四）绿色氧吧库

空气负离子是一种重要的无形旅游资源，具有杀菌、降尘、清洁空气的功效，被誉为"空气维生素与生长素"，对人体健康十分有益；还能改善肺器官功能，增加肺部吸氧量，促进人体新陈代谢，激活肌体多种酶和改善睡眠，提高人体免疫力、抗病能力（牛香等，2017）。植物吸收的大气污染物指植物吸收二氧化硫、氮氧化物和氟化物，植物叶片具有吸附、吸收污染物或阻碍污染物扩散的作用。大气中含有大量颗粒物，根据中国环境状况公报，颗粒物已成为中国大中城市的主要污染物。$PM_{2.5}$ 浓度较高会直接危害人类健康，给社会带来极大的负担和经济损失。森林植被等绿色植物是 $PM_{2.5}$ 等细颗粒物的克星，发挥着巨大的滞尘功能。习近平总书记在十九大报告中指出：坚持全民共治、源头防治，持续实施大气污染防治行动，打赢蓝天保卫战。森林在净化大气方面的功能无可替代，是一座"天然的

净化大气环境氧吧库"。

　　麻阳河保护区各管理站森林生态系统净化大气环境功能价值量核算结果如图 3-19，麻阳河保护区各管理站的森林生态系统净化大气环境总价质量依次为凉桥管理站＞务川管理站＞龚溪口管理站，分别占保护区森林生态系统净化大气环境总价值量的 46.95%、35.09%、17.97%。这主要与该管理站的森林面积、优势树种（组）的类型和比例密切相关。

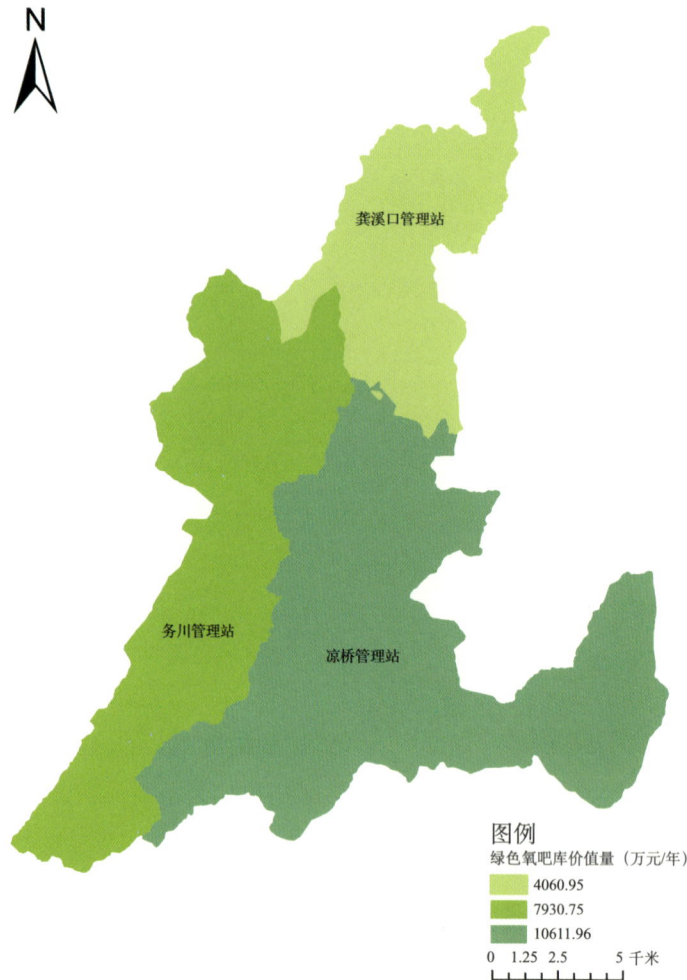

图 3-19　各管理站森林生态系统绿色氧吧库空间分布

（五）绿色基因库

　　麻阳河保护区属于中亚热带温暖湿润季风气候类型，具有热量丰富、雨量充沛、湿度适中、冬暖夏凉、四季分明、有霜期短、生长季节长等特点，再加上保护区有森林覆盖，山体与河谷海拔落差大，给多种生物提供适宜的生境。因此，麻阳河保护区是全国生物多样性保护优先区之贵州高原大娄山脉生物多样性保护优先区域，孕育了较为丰富的生物资源。其中，保护区有 79 种珍稀濒危植物，其中国家一级保护野生植物 1 种，即南方红豆杉，国家二级保护野生植物有黄杉（*Pseudotsuga sinensis*）、篦子三尖杉（*Cephalotaxus oliveri*）、闽楠（*Phoebe bournei*）、楠木（*Phoebe zhennan*）、翅荚木（*Zenia insignis*）、花榈木（*Ormosia*

henryi）、红椿（*Toona ciliata*）、伞花木（*Eurycorymbus cavaleriei*）和香果树（*Emmenopterys henryi*）9 种，贵州省重点保护植物 10 种；保护区孕育着 19 种国家重点保护野生动物（一级保护 1 种，二级保护 18 种）。麻阳河保护区是目前我国黑叶猴分布最密集、数量最多的地区，亦是全球最大的黑叶猴种群分布地，对该物种在全球范围内的保护起着关键性作用。

2022 年 12 月 15 日，习近平总书记在《生物多样性公约》第十五次缔约方大会第二阶段高级别会议开幕式上的致辞中强调"共建地球生命共同体""推进生物多样性保护全球进程"。面对中国向全世界发出生物多样性保护的最强音，麻阳河保护区认真贯彻《贵州省"十四五"林业草原保护发展规划》，多次组织开展野生动植物资源调查，摸清资源底数；严格执行《中华人民共和国生物安全法》《中华人民共和国野生动物保护法》《中华人民共和国森林法》《中华人民共和国湿地保护法》《中华人民共和国自然保护区条例》《森林防火条例》等法律法规；开展宣教科普活动，从而加强保护区生物多样性保护，保证生态系统完整性。

麻阳河保护区各管理站森林生态系统生物多样性保护功能价值量核算结果如图 3-20，凉桥管理站森林生态系统生物多样性保护价值量最大、务川管理站次之、龚溪口管理站最

图 3-20　各管理站森林生态系统绿色基因库空间分布

小，分别占保护区森林生态系统生物多样性保护总价值量的 48.16%、35.18%、16.66%，这可能与凉桥管理站分布着大面积森林覆盖，为野生动植物提供适宜的栖息地有关。麻阳河保护区有着丰富的野生动植物资源，享誉"野生动植物基因库"的美称，是全球最大的黑叶猴种群分布地，是乌江沿岸的重要生态屏障，是资源、环境、生态保护和践行习近平生态文明思想的重要场所，是落实自然保护地体系建设和林长制建设重要基地。

三、不同优势树种（组）价值量核算结果

麻阳河保护区不同优势树种（组）生态系统服务功能价值量核算结果见表 3-5。

表 3-5　不优势树种（组）生态产品价值量核算结果

优势树种（组）	支持服务（万元/年）		调节服务（万元/年）			供给服务（万元/年）	总价值（万元/年）
	保育土壤	林木养分固持	固碳释氧	涵养水源	净化大气环境	生物多样性保护	
柏木（组）	293.57	73.47	708.68	1590.67	1629.82	640.25	4936.45
马尾松（组）	2154.9	483.1	4070.61	8644.15	7732.6	8446.57	31531.92
华山松（组）	9.69	0.84	12.8	32.99	41.92	13.44	111.68
杉木（组）	772.65	96.99	1009.37	4008.71	4312.23	2885.59	13085.54
软阔类	1508.79	278.33	3011.48	7151.14	1999.68	5567.81	19517.23
硬阔类	1490.52	466.62	2274.05	8527.38	1918.54	6201.82	20878.92
阔叶混	626.31	117.54	1138.49	2387.77	894.01	2858.24	8022.35
果树（组）	26.62	17.11	50.13	77.32	44.98	47.08	263.24
其他乔木林	948.64	143.42	1623.22	4759.54	3162.68	3521.37	14158.88
灌木林	2988.03	869.16	4449.13	10529.86	765.25	10953.43	30554.86
竹林	57.62	7.54	127.88	181.36	101.96	99.28	575.64
合计	10877.35	2554.12	18475.82	47890.88	22603.66	41234.87	143636.71

（一）保育土壤功能

麻阳河保护区各优势树种（组）生态系统保育土壤功能价值量核算结果如图 3-21，灌木林、马尾松（组）、软阔类保育土壤功能价值量最大，其保育土壤功能价值量分别占保护区森林生态系统保育土壤功能总价值量的 27.47%、19.81%、13.87%；竹林、果树（组）、华山松（组）保育土壤功能价值量最小，其分别占保护区森林生态系统保育土壤功能总价值量的 0.53%、0.24%、0.09%。

（二）林木养分固持功能

麻阳河保护区各优势树种（组）生态系统林木养分固持功能价值量核算结果如图 3-22，

灌木林、马尾松（组）、硬阔类林木养分固持功能价值量最大，其林木养分固持功能价值量分别占保护区森林生态系统林木养分固持功能总价值量的34.03%、18.91%、18.27%；果树（组）、竹林、华山松（组）林木养分固持功能价值量最小，其分别占保护区森林生态系统林木养分固持功能总价值量的0.67%、0.30%、0.03%。

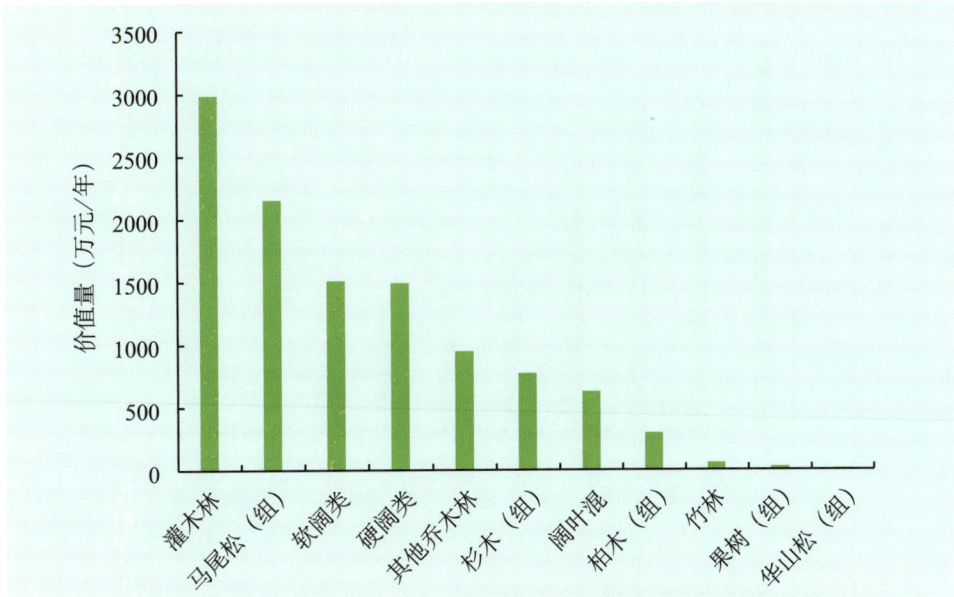

图 3-21　优势树种（组）保育土壤功能价值量核算结果

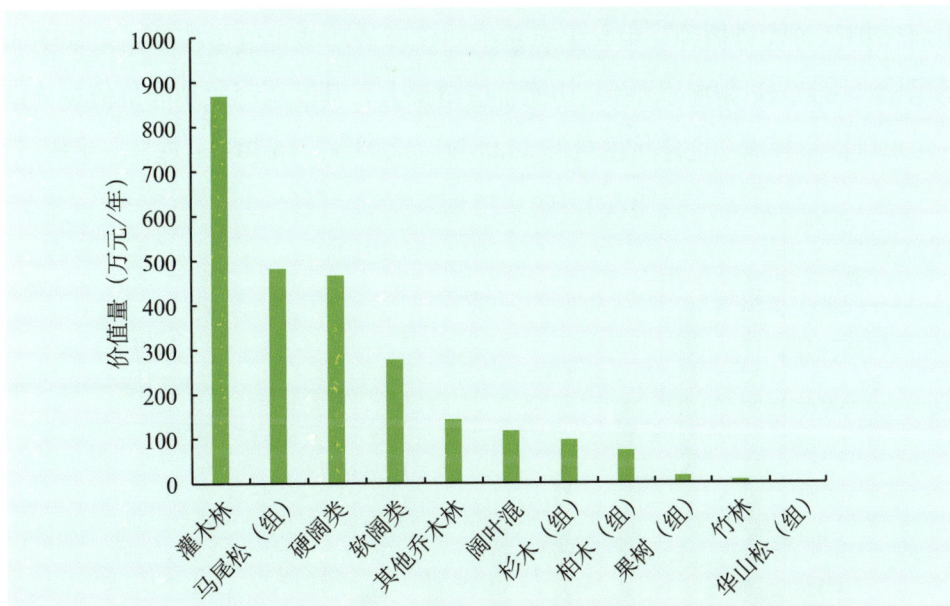

图 3-22　优势树种（组）林木养分固持功能价值量核算结果

（三）涵养水源功能

麻阳河保护区各优势树种（组）生态系统涵养水源功能价值量核算结果如图3-23，灌木林、马尾松（组）、硬阔类涵养水源功能价值量最大，其涵养水源功能价值量分别占保护

区森林生态系统涵养水源功能总价值量的 21.99%、18.05%、17.81%；竹林、果树（组）、华山松（组）涵养水源功能价值量最小，其分别占保护区森林生态系统涵养水源功能总价值量的 0.38%、0.16%、0.07%。

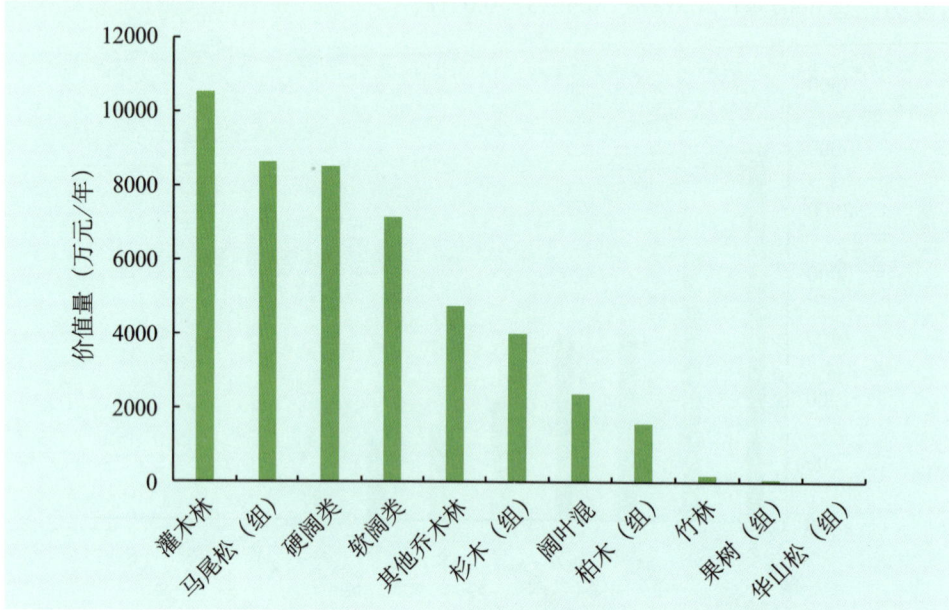

图 3-23　优势树种（组）涵养水源功能价值量核算结果

（四）固碳释氧功能

麻阳河保护区各优势树种（组）生态系统固碳释氧功能价值量核算结果如图 3-24，灌木林、马尾松（组）、软阔类固碳释氧功能价值量最大，其固碳释氧功能价值量分别占保护区森林生态系统固碳释氧功能总价值量的 24.08%、22.03%、16.30%；竹林、果树（组）、华

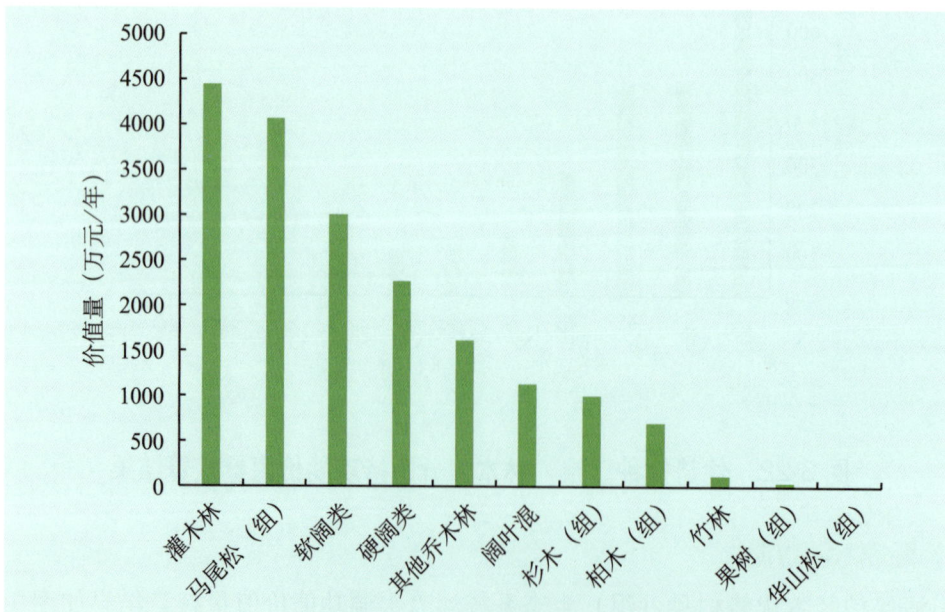

图 3-24　优势树种（组）固碳释氧功能价值量排序

山松（组）固碳释氧功能价值量最小，其分别占保护区森林生态系统固碳释氧功能总价值量的 0.69%、0.27%、0.07%。

（五）净化大气环境功能

麻阳河保护区各优势树种（组）生态系统净化大气环境功能价值量核算结果如图 3-25，马尾松（组）、杉木（组）、其他乔木林净化大气环境功能价值量分别占保护区森林生态系统净化大气环境功能总价值量的 34.21%、19.08%、13.99%；竹林、果树（组）、华山松（组）净化大气环境功能价值量最小，其分别占保护区森林生态系统净化大气环境功能总价值量的 0.45%、0.20%、0.19%。

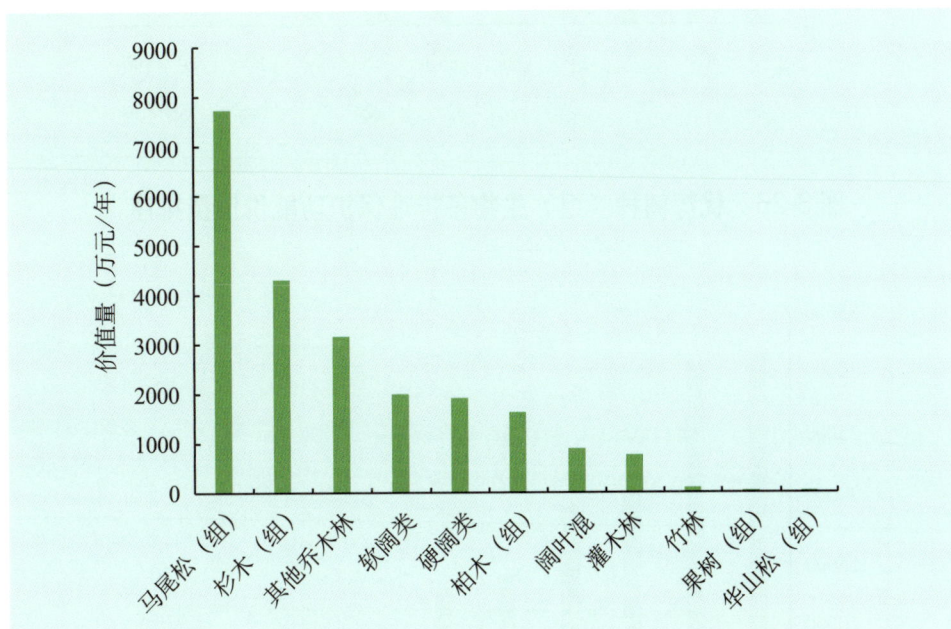

图 3-25　优势树种（组）净化大气环境功能价值量排序

（六）生物多样性保护功能

麻阳河保护区各优势树种（组）生态系统生物多样性保护功能价值量核算结果如图 3-26，灌木林、马尾松（组）、硬阔类生物多样性保护功能价值量最大，其生物多样性保护功能价值量分别占保护区森林生态系统生物多样性保护功能总价值量的 26.56%、20.48%、15.04%；竹林、果树（组）、华山松（组）生物多样性保护功能价值量最小，其分别占保护区森林生态系统生物多样性保护功能总价值量的 0.24%、0.11%、0.03%。

（七）总价值量

麻阳河保护区各优势树种（组）生态系统服务功能总价值量核算结果如图 3-27，马尾松（组）、灌木林、硬阔类服务功能总价值量最大，分别占保护区森林生态系统服务功能总价值量的 21.95%、21.27%、14.54%；竹林、果树（组）、华山松（组）服务功能总价值量最小，其分别占保护区森林生态系统服务功能总价值量的 0.40%、0.18%、0.08%。

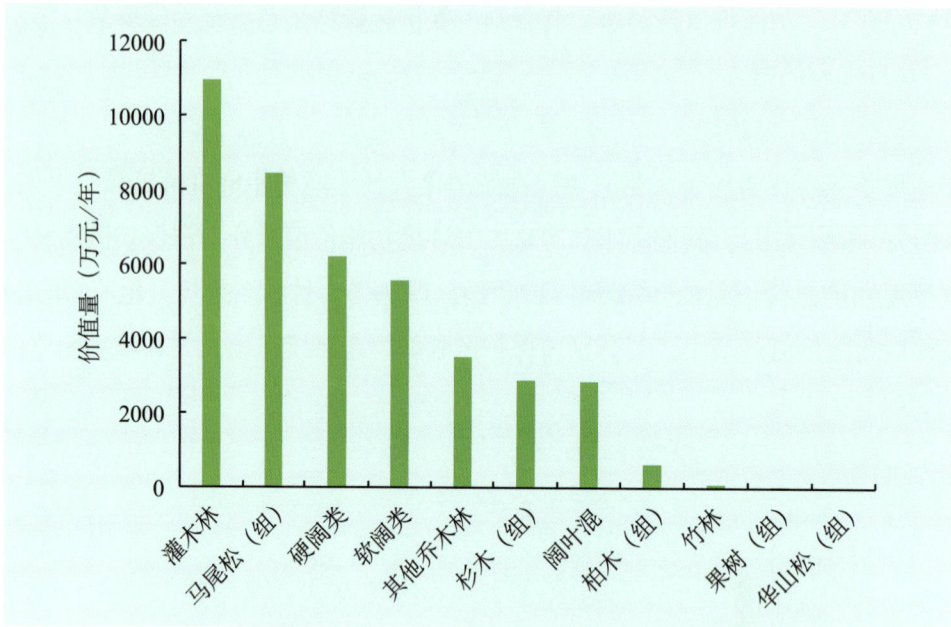

图 3-26　优势树种（组）生物多样性保护功能价值量排序

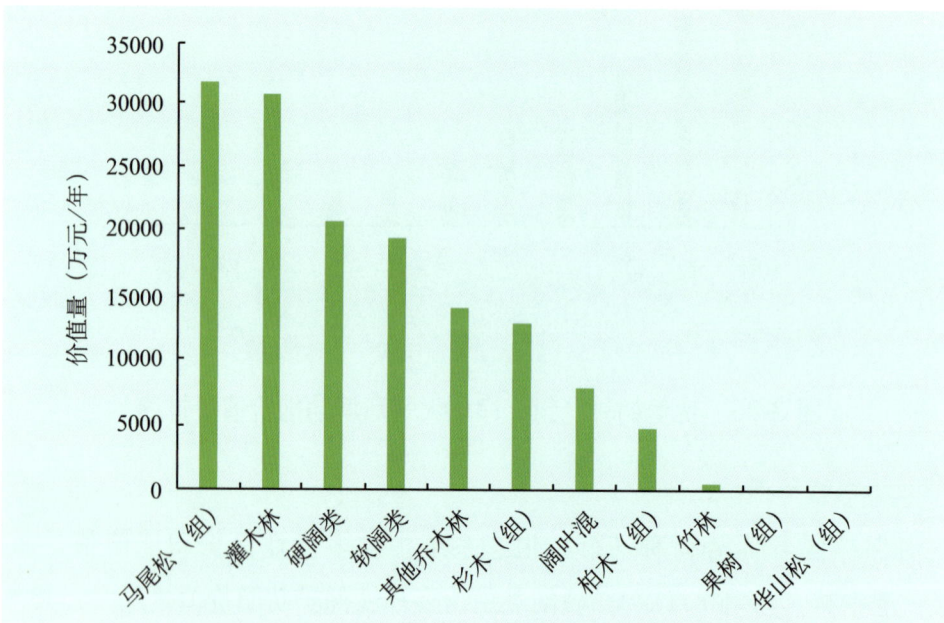

图 3-27　优势树种（组）服务功能总价值量排序

第四章

旗舰物种（黑叶猴）保护价值评估

麻阳河保护区主要保护对象是黑叶猴及其栖息地，作为保护区的旗舰动物，黑叶猴保护价值是保护区生态产品的重要组成部分，因此有必要进行黑叶猴保护价值量评估。以往森林生态系统服务功能评估中构建植物物种多样性价值评估方法，而忽略了动物尤其是旗舰动物、珍稀濒危动物保护价值，从而导致了多样性保护价值被低估，使得生态产品价值量也没有被充分体现。因此，构建旗舰动物保护价值的评价体系并开展旗舰动物保护价值评估，对于完善生态产品评估具有重要意义。基于当前动物保护价值的评价方法，可构建动物多样性保护价值评估模型，进一步完善生态产品的评价体系。评估模型在能值法研究的基础上，引入了珍稀濒危指数和特有种指数，通过数量转换系数 Z，进行一个地区珍稀濒危物种、特有种或者旗舰物种保护价值评估，进而将珍稀濒危物种评价纳入到生态产品评价体系，用以精准量化生态产品价值量。

第一节　旗舰物种——黑叶猴

麻阳河保护区是贵州省面积最大的黑叶猴保护区，采用了红外相机陷阱法对黑叶猴种群开展监测，并按照监测方案在合适的地点布设红外触发相机。红外相机布设前，需对其进行编号，并将编号粘贴在红外触发相机外壳上。选择合适的位点，可同时安装若干台红外触发相机，对黑叶猴进行多林层、多方位、多种群的监测研究。麻阳河保护区布设了 153 个红外相机，共拍摄到黑叶猴有效图像 195 张，独立探测有效图像 36 张；在 153 个相机位点当中，共在 11 个位点发现了黑叶猴的踪迹，其黑叶猴的分布如图 4-1 所示。麻阳河保护区的黑叶猴主要在核心区活动，活动的详细地点集中在赶子水、跳洞、张家沟、雄池和碗水等地区（表 4-1）。

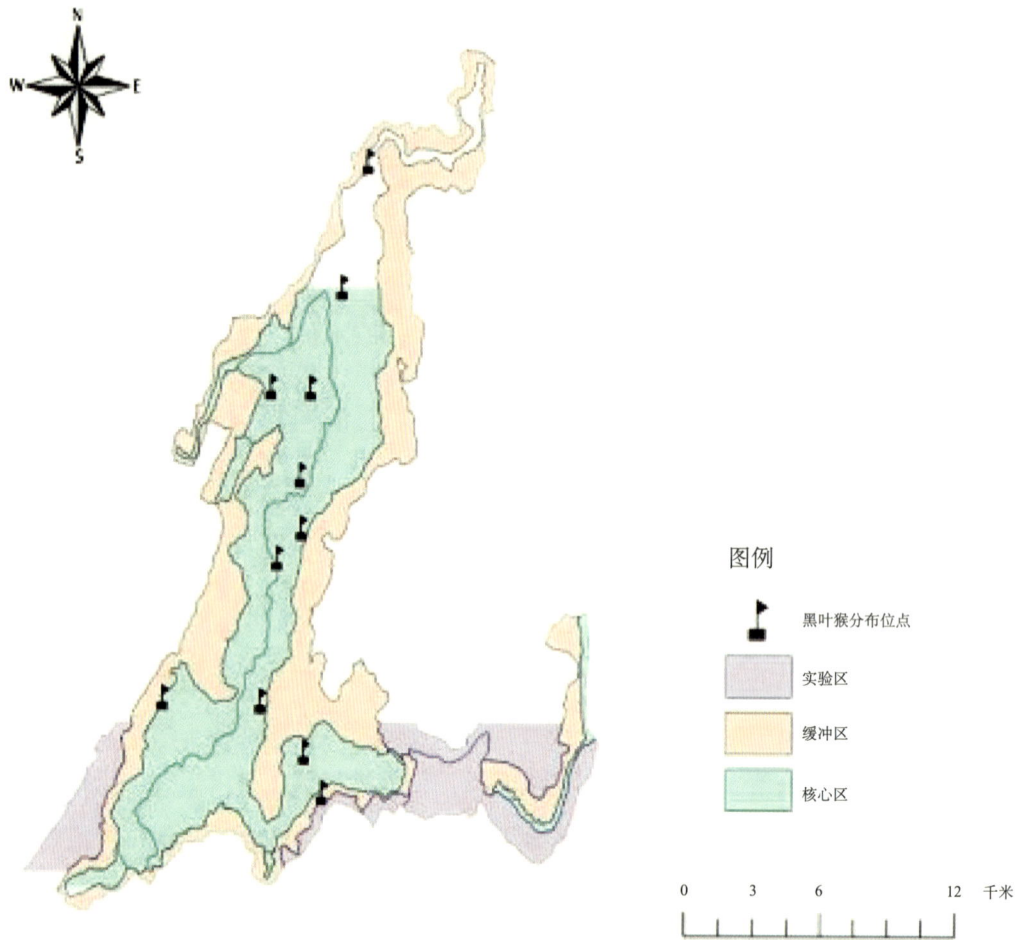

图 4-1　麻阳河保护区黑叶猴拍摄位点

表 4-1　麻阳河保护区黑叶猴分布位点

相机位点	功能区	布设点地名
N13	核心区	赶子水
O10	核心区	碗水
M16	核心区	张家沟
G24	核心区	白韩岭
P05	核心区	跳洞
K24	核心区	澜子朝
M26	核心区	下寨
M18	核心区	肖家坝
L13	核心区	雄池
L19	核心区	坉上、兰字厂河
N27	缓冲区	贵阳坝

通过红外触发相机监测，麻阳河保护区黑叶猴日活动节律变化如图 4-2 所示，在一天之中均可发现黑叶猴的活动踪迹，但黑叶猴主要集中在昼间活动，活动模式呈单峰型，早上 6：00 以后黑叶猴的活动强度开始急剧上升，直至中午 12：00 活动强度增加变得缓慢，在下午 15：00 左右，黑叶猴的活动强度达到一日之中的最大值。随着时间的推移，黑叶猴的日活动强度开始急剧下降，直至翌日 2：00 左右达到活动轻度最低值。

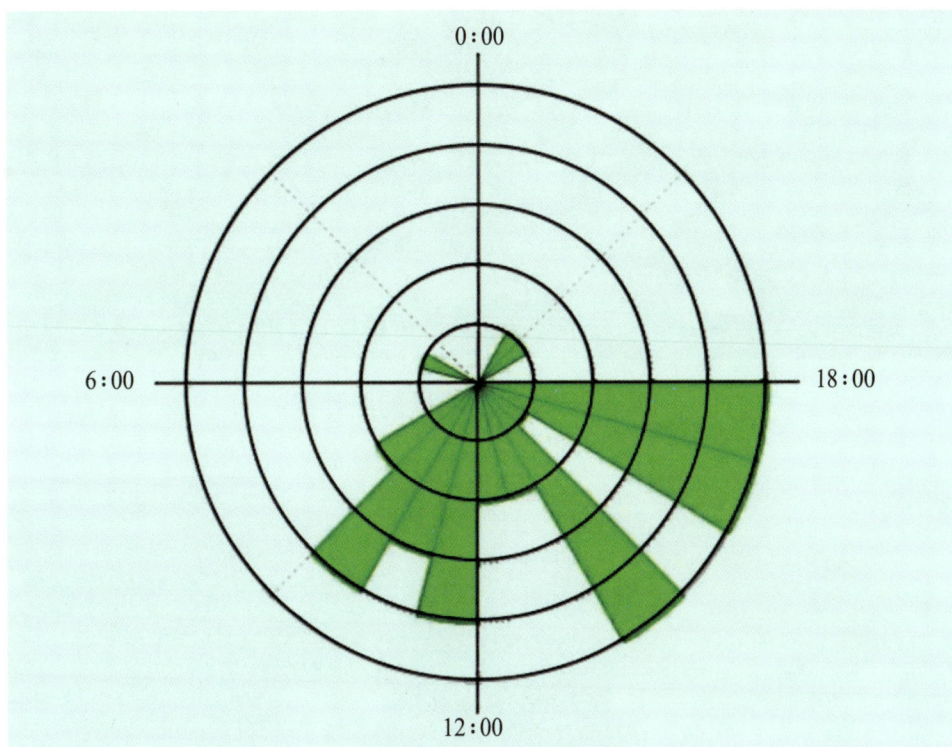

图 4-2　麻阳河保护区黑叶猴日活动节律

黑叶猴属于国家一级保护野生动物，分布于缅甸、泰国、老挝和越南，体长 50 ～ 60 厘米，头小，尾巴较身体长，四肢细长，头顶有直立的毛冠。其体背毛比腹面的毛长而密，臀疣较大，全身黑色有光泽，耳基至两颊有白毛，手足均为黑色。黑叶猴喜爱群居。其行动敏捷、轻盈，善于攀登、跳跃。黑叶猴的日活动节律表现为上午和下午的觅食高峰，中午进入长时间的休息期。另外，黑叶猴的日活动节律具有明显的季节性变化，主要表现为雨季活动节律中的觅食高峰与旱季相比推迟 1 小时出现。

黑叶猴行动敏捷、轻盈，善于攀登、跳跃（图 4-3），早晨和傍晚尤为活跃，夜间则栖息于悬崖峭壁间的天然岩洞内。它的警惕性很高，每天黄昏进洞之前都由群体中担任首领的雄猴率先入洞观察，没有发现异常时，其他成员才依次而入，最后进洞的是怀孕和带有幼仔的雌猴（图 4-4）。黑叶猴天黑以后便不再出洞活动，一般都蹲坐在岩洞中凸出的岩壁、石块上蜷曲抱头睡觉。每天清晨出洞之前，也是首领先探出头来，观察洞外的动静，然后其他成员才相继走出洞外，常常在攀援、嬉闹一阵之后，才开始逐渐远离洞口去寻找食物。

图 4-3　在林中跳跃的黑叶猴

图 4-4　麻阳河保护区黑叶猴幼仔和雌兽

　　黑叶猴是比较典型的东南亚热带和南亚热带的树栖叶猴，主要栖息于江河两岸和低山沟谷地带的热带雨林、季雨林和南亚热带季风常绿阔叶林。栖息生境的海拔高度不及1200米。栖息在热带、亚热带森林繁茂，灌木丛生，山势险峻，岩洞较多的石灰岩地区。

　　黑叶猴善于攀缘、跳跃，在人兽罕至、生有稀疏树木的悬崖峭壁则是他们活动觅食的主要场所。夜间则栖息于悬崖峭壁间的天然岩洞内。生活于分布区北部的黑叶猴体毛较长而密，到了冬季在皮下聚积有较厚的脂肪，因此具有较强的抗寒性。

　　动物的日活动节律指动物在一天中不同时间段的活动强度及其周期性变化规律，常分为昼行性、夜行性或全天性活动。这是长期生存过程中，动物对日光规律性变化的生态性适应。同时，不同的日活动适应还受生物或非生物的因素影响，如气候条件变化、种间竞争、食物、人为干扰。对麻阳河保护区黑叶猴的日活动节律分析表明，黑叶猴为昼行性活动的灵长类动物，活动时间主要集中在8:00～18:00，早上8:00以后，黑叶猴的活动强度开始逐渐上升，14:00达到日活动强度的第一个高峰，16:00～18:00为日活动强度的第二高峰，黑叶猴的日活动节律变化可能是由于一天之中温度的变化所致。

　　黑叶猴在不同季节的活动规律也有变化，麻阳河保护区黑叶猴的年活动节律如图4-5所

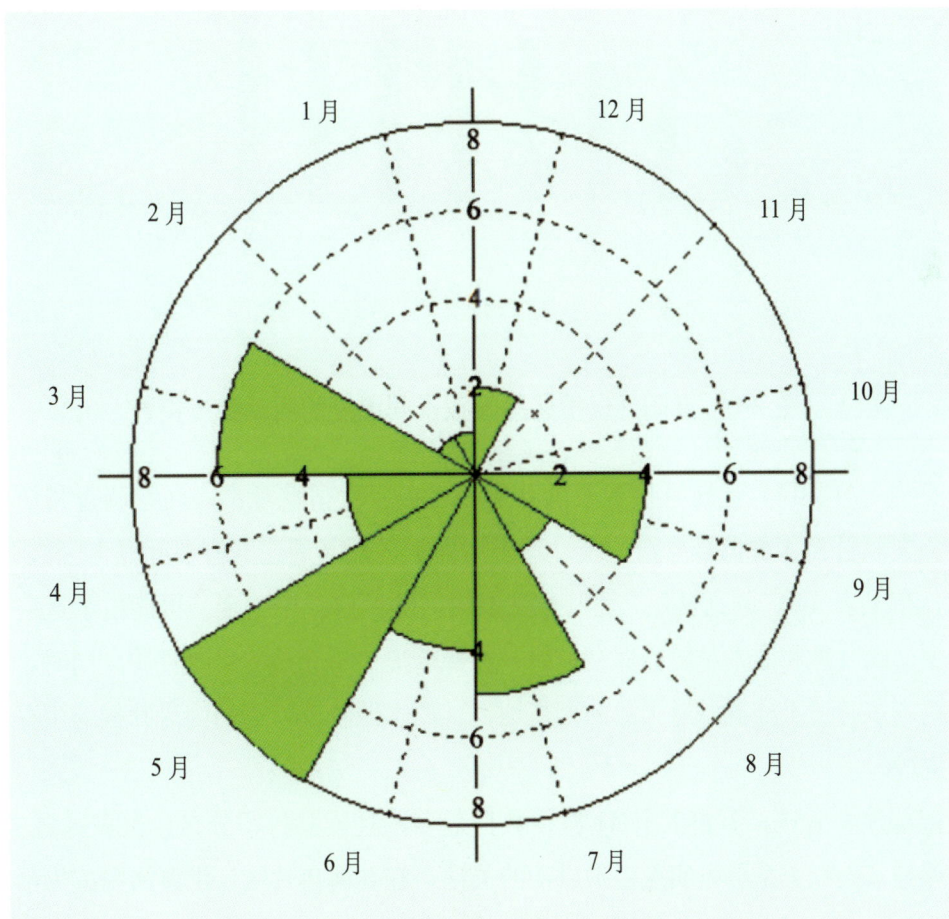

图4-5　麻阳河保护区黑叶猴年活动频次变化

示。黑叶猴的年活动节律分析表明：黑叶猴主要在春季和夏季较为活跃，冬季和秋季活动强度最低，10～11月黑叶猴不活动，12月至翌年9月为黑叶猴活动的季节。1月和2月黑叶猴的活动强度最低，5月是黑叶猴活动强度最高的月份。夏季气温较高时，中午前后的活动就明显减少；秋高气爽的时候，正是它的发情期，所以活动十分频繁；冬季天气寒冷的时候，也常常整天龟缩在岩洞中。

通过对麻阳河保护区黑叶猴的年活动频次变化分析发现：黑叶猴的平均活动温度随着当月的平均温度和最低温度的上升而增加，黑叶猴的平均活动温度总是低于当月的平均温度，黑叶猴在3～9月活动最为活跃，且活动温度在10~30℃。

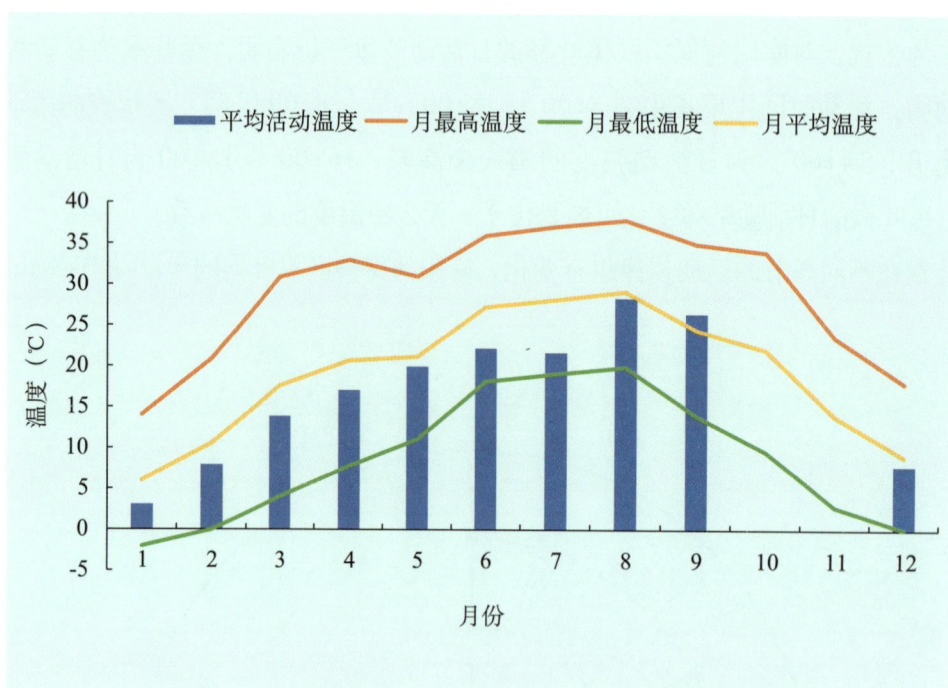

图 4-6　麻阳河保护区黑叶猴不同温度的活动强度指数

牛克锋等（2017）通过直接观察黑叶猴群计数、夜宿地观察、问卷调查和访问、未出版资料和文献补充4种调查方法，统计麻阳河保护区及其周边共有黑叶猴72群，其中在各片区的分布见表4-2。调查发现，黑叶猴主要沿河流两岸集中出现，可能由于这些区域人为干扰较少，阔叶林和灌木林植被保存良好，为猴群提供了充足的食物资源。同时，这些区域地形陡峭，多有适于猴群躲避天敌的夜宿地，且离水源较近，进而为黑叶猴的生存提供了良好的微生境。

在南部凉桥片区，猴群共有41群，数目最多，且紧靠村寨分布。但该区域人口稠密，因此处理好"人猴关系"是实现保护成功的关键。在龚溪口片区，洪渡河因成为彭水水电站

的蓄水区，对猴群栖息地造成了一定影响，有可能阻断了洪渡河两岸黑叶猴的种群交流。务川片区属于核心区，森林资源丰富，植被保护良好，远离道路，人为干扰强度较小，适宜生境较成片分布，斑块面积较大，为黑叶猴的生存繁衍提供了较佳的场所（图4-7）。

表4-2　麻阳河保护区黑叶猴猴群分布及统计

管理站	群数				
	直接观察计数	夜宿地观察	问卷调查和访问	未出版资料和文献	合计
凉桥	31	4	0	6	41
务川	6	0	9	0	15
龚溪口	10	4	0	2	16
合计	47	8	9	8	72

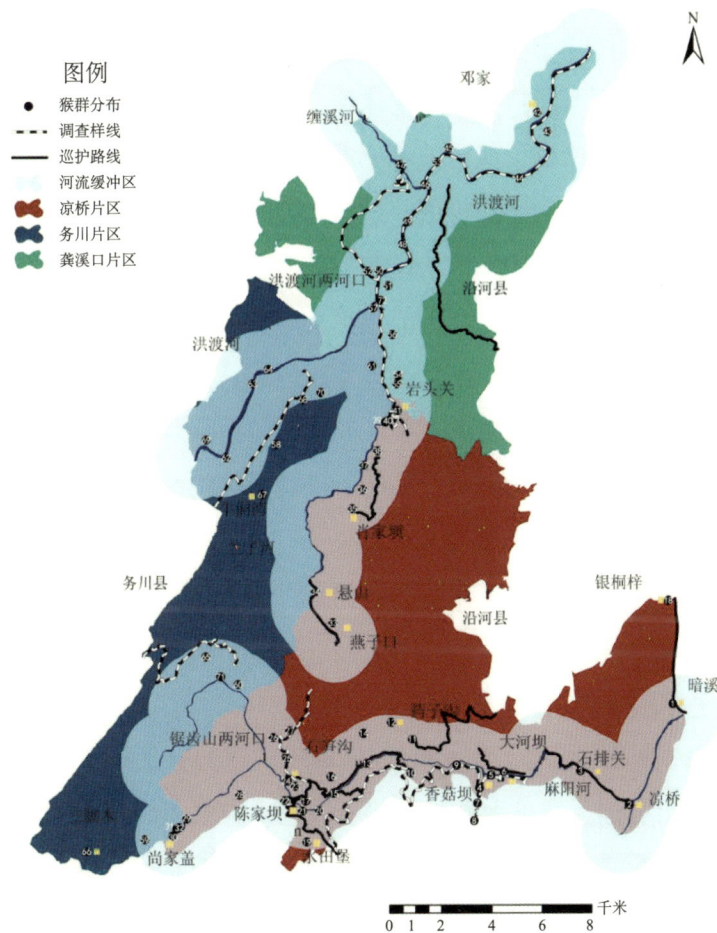

图 4-7　麻阳河保护区及周边黑叶猴猴群沿河流分布示意（缓冲距为 1500 米）

第二节　野生动物多样性保育价值

一、野生动物资源价值

野生动物是重要的自然资源，在人类社会发展中为人类提供了基本的食物、毛皮、药材、观赏等具有传统市场价值的商品，提供了教育科研等服务功能，具有商品价值和使用价值。野生动物作为生物多样性的一部分，具有内禀价值，可以称为非利用价值，具体可以分为选择价值、存在价值和遗产价值。同时，野生动物具有重要的生态价值，对生态系统的能量流动和物质循环的维持起着重要作用，其生态服务功能极其重要。它的生态价值主要体现在维持生态平衡和食物链的完整，如调节物质循环价值、种子传播价值、改善土壤价值、净化环境价值以及保持生物多样性（包含遗传多样性、物种多样性和生态系统多样性），在整个生态系统中占据重要的生态位。野生动物种类和数量的变化势必会引起生物多样性的变化，进而导致整个生态系统变化，从而影响整个生态系统稳定性和服务功能发挥。生物多样性丧失已引起越来越广泛的关注，野生动物尤其是珍稀濒危动物作为生物多样性的主要组成部分，有着重要的保育价值和生态功能。

纵观人类历史发展可知，野生动物是人类社会发展的重要资源，人类的物质生活和精神生活都离不开野生动物。其价值并不仅仅体现在为人类提供了基本的食物、衣服等，也提供了生态系统服务，而且后者的价值比前者更重要。在人类历史相当长的一段时间野生动物资源相对丰沛，人们忽视野生动物的价值，进而无节制地获取野生动物，造成野生动物种群数量的急剧减少，随着对野生动物保护法律法规的出台，建立保护区加强保护，野生动物的生存环境得到了改善，野生动物的保育价值也越来越得到重视。当前在生态服务功能评价中对于野生动物价值如何评估还没有一个标准体系。因此，开展对野生动物资源价值探讨的研究不仅是为了改变人们对野生动物资源重要性的认识，而且对合理配置资源、社会效益有着重要的意义。目前，以野生动物为对象开展的野外观鸟等生态旅游活动不仅为社会创造了巨大财富，有效缓解了野外资源保护压力，还解决了一大批人口的就业，尤其是带动了区域性农村经济和农民增收，取得了良好的社会综合效益。

二、珍稀濒危和旗舰物种保育价值

当前珍稀濒危物种灭绝程度正在不断加剧，《中国履行〈生物多样性公约〉第五次国家报告（2014）》也指出我国无脊椎动物受威胁（极危、濒危和易危）的比例为34.7%，脊椎动物受威胁的比例为35.9%，因此加强珍稀濒危动物的保护非常重要。此外，生物多样性保护是生态系统管理的主要内容之一，而目前全球生物多样性管理以保护珍稀濒危物种和其生态系统为重点，为保护这些物种和生态系统全球已经建立了大量的自然保护区。在自然资源

价值估算或者生态系统服务功能评估中，合理评价珍稀濒危物种和旗舰物种的保育价值，对于增强公众的野生动物尤其是珍稀濒危物种的保护意识，以及对珍稀濒危动物的保护效果评价有着重要的意义。近年来，国内外学者针对受威胁和濒危物种在价值评估、价值体现、濒危程度评级、受威胁现状及原因、优先保育及保护序列、就地保护状况及自然保护区物种多样性价值评估方法与保护优先性确定等方面开展了大量研究。

旗舰物种在保护区或者一个地区中有着非常重要的位置。旗舰物种一般是某一特定的物种，由于常常分布于某些特定的生态系统中，而成为这些生态系统存在的标志。旗舰物种往往对于人类而言，它们具有重要的精神、美学价值，或在国家、民族文化上具有突出的特征。旗舰物种能够引起公众对其保护行动的更多关注，通过保护旗舰物种实现对生态系统及其生物多样性的保护，因此对旗舰物种的保护会促进全方位的保护行动的开展。

旗舰物种一般被认为具备 5 个基本特征：①亟需更多关注和保护的珍稀濒危物种。这是成为旗舰物种的先决条件（van Vuuren et al.，2012），例如大熊猫、亚洲象、雪豹、东北虎、野牦牛等目前确定的旗舰物种。旗舰物种通常是世界自然保护联盟（IUCN）全球濒危程度评估易危、濒危和极危的物种，均为国家级重点保护的物种（Garnett et al.，2018）。②具有很强的地域性。同一物种在不同国家的珍稀濒危程度和公众关注度存在不同。如四爪陆龟在中国有可能被列为旗舰物种，在哈萨克斯坦等其他分布国家则很难被列为旗舰物种。③在其分布国家或某一区域具有影响力和标志性，能够引起人们关注和保护（Caro et al.，2004；Veríssimo et al.，2009）；通常大型哺乳动物和鸟类比其他物种更易受到关注，例如大熊猫和孟加拉虎。④具有一定的保护作用。旗舰物种往往需要较大的生存空间，在生态系统中占有重要地位，因此对旗舰物种及其生境实施保护，将惠及更多物种。⑤具有一定的文化价值，这是旗舰物种与珍稀濒危物种和保护物种最大的区别。在确定旗舰物种时要充分考虑该物种在当地民族文化中的地位与认可度，只有当地民众认可并愿意付诸保护行动，旗舰物种才能得到有效保护（Thomas-Walters et al.，2017；Runge et al.，2019）。

旗舰物种作为保护区或者一个区域重要物种本身具有重要的保育价值，但是目前缺乏旗舰物种保育价值量的有效评估方法，因此在以往保护区或者地区生态系统产品价值量评估中并未进行评价，导致总价值量被低估。当前制定有效的针对旗舰物种保育价值评估办法是非常必要的。

第三节　动物多样性保育价值评估方法

动物多样性评估方法，包括直接市场法、间接市场法和虚拟市场法等，价值评估具体主要包括支付意愿法、条件价值法、成本效益法、保护性支出法、Shannon-Wiener 指数评估

法及能值与 Eco-exergy 法等多种方法。不同评估方法适用范围存在差异，研究的对象也不同，但是都是基于野生动物保护价值的评估实践。

一、保护指数评价法

保护指数评价法是基于生物多样性的评估方法，由崔国发等（2016）提出，编制了《自然保护区生物多样性保护价值评估技术规程》（LY/T 2649—2016），规程中分别对生态系统保护价值、物种多样性保护价值、旗舰物种保护价值以及遗传种质资源保护价值的评估方法作出了详细说明。规程根据野生动物的保护重要性评价指标进行分级赋值，得出每种野生动物的保护重要值和自然保护区野生动物多样性保护价值指数。樊简等（2018）运用此方法对我国东北三省自然保护区物种保护价值进行了评估，吉林长白山国家级自然保护区、吉林珲春东北虎国家级自然保护区、吉林松花江三湖国家级自然保护区的综合保护价值显著高于同类型的其他自然保护区，该评价方法能够很好的反映自然保护区生物多样性及其各个层次和类群的保护价值，能够较准确地识别其物种保护优先性，但也存在缺点：即不能计算野生动物保育的经济价值。

二、市场估值法

市场估值法以实际的市场价格作为标准，特别对于野生动物的消耗性直接使用价值的评估比较有效。目前，此方法是使用最广、最易于理解的估值手段，大多数的估值研究，特别是在发展中国家的估值研究依赖于这种方法。我国也有学者利用市场估值法对野生动物进行价值评估研究。市场估值法是直接市场评估法的一种，多以直接利用市场价格或者参考相似的产品或者服务价格的方法。属于直接市场法的还有费用支出法、重置成本法，在没有市场价格可以作为参考时，可以采用费用支出法和重置成本法，费用支出法是从消费者的角度出发，以游客为获得服务而实际支出的各种费用作为服务价值的一种方法。重置成本法是通过估算环境被破坏后将其恢复原状所需支付的费用来评估环境影响经济价值的一种方法。如赵海凤（2017）利用异地保护成本计算了珍稀濒危动物保护价值。

三、旅行费用法

旅行费用法（travel cost method，TCM）是间接市场法的一种，利用替代市场对野生动物资源价值进行评估，是目前流行的游憩价值评估方法，也是评估野生动物资源游憩价值最常用的一种重要方法。1947 年，霍特林在写给美国公园服务管理局的信中，首次提出旅行费用的概念设想。到 1959 年，美国学者克劳森才明确地提出旅行费用法，并于 1966 年被正式发表。之后其理论渐渐充实，并得到广泛应用。旅行费用法也存在缺点，如旅行费用的数据仅用于估算游憩需求曲线，以求出消费者剩余，消费者剩余只能用于评估游憩资源的使用

价值，而无法评估其非使用价值，如遗产价值和存在价值等。

四、意愿支付法

对于动物尤其是濒危物种和旗舰物种的保护，目前应用较多的是意愿支付法（willingness-to-pay，WTP）。动物中大多数物种的总经济价值，包括娱乐、使用和非使用（存在和遗赠）价值，可以通过激发人们对特定物种的保护意愿来衡量。目前，用于估计物种总经济价值最受欢迎的方法之一是条件估值法（contingent value method，CVM）。这种方法使用概述假设市场或公投的调查问卷调查人们对物种保护的支付意愿，通常出于各种原因，人们愿意将收入的一小部分用于保护濒危或稀有物种（Richardson，2009）。全世界范围内已经开展了濒危物种的经济价值评估的研究，随着自然资源价值评价方法日趋多样，人们尝试利用多种技术手段对野生动物的价值进行评估。Richardson（2009）利用条件估值法结合 Meta 分析进行了珍稀濒危物种的评估；Wei 等（2018）利用本方法评估了珍稀濒危动物大熊猫的保护价值；Subroy（2019）采用意愿支付法进行了全世界范围内珍稀濒危物种和旗舰物种的经济价值的估计；Ren 等（2022）采用意愿支付法对朱鹮的保育价值进行了评估。此外，还对狼、巴西金狮面狨、斯里兰卡亚洲象等动物经济价值进行了评估。此种评估方法能更好地揭示消费者的偏好，符合经济学的理论要求，能有效地评估生态系统服务功能市场类产品，但也存在难保证其可靠性和有效性的缺点。

五、能值法

以上评估方法都围绕动物的使用价值评价，对于非使用价值，如利用这些理论还不能解释野生动物保护价值为什么可以通过特有性、历史性、营养级等自身禀赋指标体现，能值理论为这一问题的研究提供了崭新的视角。

（一）理论基础

能值法的理论基础基于生态能量学。生态能量学是研究生态系统的能量与其他生态流、物质流、生物流、信息流等的数量变化和相互之间的关系，是研究系统的结构功能变化规律的科学。生态能量学研究始于 1887 年，S. A. Forbes 首次描述了美国伊利诺斯湖的能量动态，被誉为能量生态学研究的先驱者。之后，在诸多学者的推动下，能量生态学的研究开始了大的发展，在能量环境、能量代谢、热值的测定、能量分配和能量流动及综合分析等各方面取得了卓有成效的研究成果（孙洁斐，2008）。

（二）能值理论提出

H. T. Odum 经过长期研究，综合系统生态、能量生态和生态经济原理，于 20 世纪 80 年代后期发展出新的科学概念和度量标准——能值，创立了能值理论分析方法。1987 年 H. T. Odum 接受瑞典皇家科学院克莱福奖时发表的演讲和在 *Science* 刊物的论文中，首次阐述

了能值概念理论，能值与能质、能量等级、信息、资源财富等的关系。能值法第一次将能量流、信息流与经济流的内在关系联结起来，实现了生态系统中各种功能过程的连接。目前，已经应用于全球、区域或国家等不同尺度，国际贸易及国际经济系统，信息与人类服务等领域，也在生物多样性、生态系统服务及生态系统服务标准物质当量等方面得以应用。

> 能值分析是以能量为基准，把生态系统或生态经济系统中不同种类、不可比较的能量转换成同一标准的能值来衡量和分析，从中评价其在系统中的作用和地位，综合分析系统中各种生态流（能量流、货币流、人口流和信息流），得出一系列能值综合指标，定量分析系统的结构功能特征与经济效益。

Odum 创立的能值分析理论认为，产品或劳务在形成过程中变化的实质，是不同类别能量之间转换、流动和存储的过程。以太阳能值作为基本单位，其单位为太阳能焦耳（solar emjoules，简写为 sej），通过相对应的转换参数对不同类别、不同能级的能量进行数量关系的换算，可以实现用能值流反映产品或劳务的贡献大小，能够定量分析自然和人类在生产和服务方面的贡献，通过建立实质性、定量化的框架来促进生态环境管理的可持续性发展。

（三）能值理论内容

能值的主要原理是将各种生态系统和其他系统均视为具有自组织性和等级体系的能量系统，把不同种类、不可比较的能量或物质转换成可统一比较的能值标准，构建可衡量各种能量的共同尺度。能值综合分析法可度量不同类别、不同等级能量的真实价值，可通过集成综合的定量能值分析来描述和评估生态经济系统结构与功能，也可应用于自然资源的评估利用、国家经济方针政策的制定、人与自然的和谐共存及具体生产活动过程等方面。因此，能值可作为一种度量物种多样性和生态系统服务功能的有效工具。

能值分析理论，从系统生态角度，将自然生态系统与人类经济系统相结合，以太阳能能量为基本衡量单位，与能量流相互补充，来研究分析不同时间和空间尺度下的自然和人类自然生态系统的能量经济行为的方法。由于地球上各种能量都直接或间接来源于太阳能，所以实际上应用的都是太阳能值。即任何生态资产在形成过程中直接或间接利用的太阳能的数量（太阳能焦耳）。不同类别和不同性质的生态资产，其太阳能值是不同的，这是由于它们的太阳能转换率不同所致。太阳能转换率是一种比值，也是评估生态资产的一种尺度，其值越大，生态资产的价值就越高。太阳能转换率的大小从本质上揭示了不同生态资产的能量、商品劳务和技术信息等存在价值差别的根本原因。生态资产真正价值是由它本身包含的太阳能值的多少决定的，而不受市场波动的影响。价值能值法可以将社会经济系统和自然生态系统用同一标准结合起来，可以对不同类型的生态资产进行客观比较，基本上可以消除人为主观因素的影响，可以认为这是今后生态资产评估方法的主要发展方向之一。分析手段包括能

量系统模型图和能值综合图的绘制、各种能值分析表的制定、能物流量计算与能值计算评价、能值转换率和各种能值指标的计算分析、系统模拟等。

能值分析的理论和方法，把生态环境系统与人类社会经济系统有机地联系和统一起来，定量分析自然与人类经济活动的真实价值，有助于调整生态环境与经济发展关系；对自然资源的科学评估与合理利用、经济发展方针的制定以及地球未来的预测，均具指导意义。因此，该理论和方法已经被许多国家生态学界和经济学界采用。能值法将环境资源、商品、劳务和科技等不同类别与各种形式的能量经转换为同一标准的能值后，均可加以比较研究（图4-8）。能值方法与技术的采用不是取代货币对经济行为的度量功能，而是弥补货币价值方法的不足。这在对那些非市场（难以货币化）的自然物品和服务的价值进行度量时尤其适用。

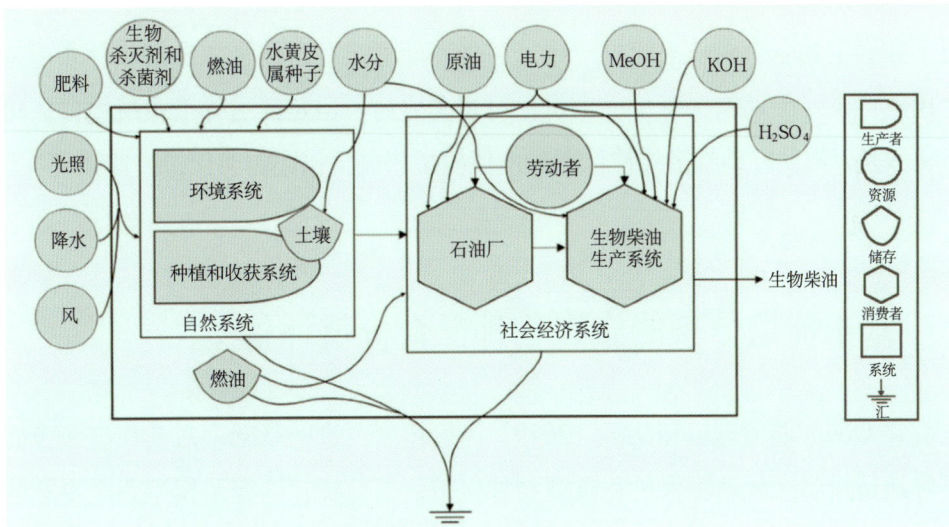

图4-8　基于能值法的生物质能源生产的框架结构（译于 Edrisi et al.，2022）

国外对能值理论及其分析方法的研究已经涉及自然、社会等，应用于评价地区流域系统的环境资源、经济投入和发展模式、环境政策、以生态系统为基础的环境管理、发展计划与政策等方面（Effatpanah et al.，2022；Edrisi et al.，2022；Reza et al.，2014）；国内基于能值分析的方法，开展了生态系统价值核算（王楠楠等，2013；刘博，2014；马程等，2017）、区域可持续发展（Li et al.，2014；Lou et al.，2015；韩增林等，2016；贾小乐等，2019）、综合能源价值评估（Yang et al.，2022；段娜等，2015；王红彦，2016；田立亭等，2019）等方面，在野生动物保护价值中利用此方法也有很多报道，对能值分析方法的完善起到了积极的作用。

（四）能值理论的优点及局限性

能值法被认为是不同于马克思主义经济学和现代西方市场经济学，是以自然价值论为基础的经济学，能够反映物品的存在价值，根据能量流动基本规律建立而来，可充分体现自然资源利用和人类自身劳动的真实价值。能够将无法简单地用经济价值衡量的生态系统功能与过程，通过一定的转换，用一种便于比较的新能值核算测度方式表示，能值法可将地球生物

圈内不同区域不同类别不可比、难核算的各类项目换算为统一量纲的太阳能能值，因此当前被广泛地运用。能值分析方法可以建立起研究与决策之间的联系，将区域资源—环境—经济系统内部复杂过程和客观自然规律与生态环境保护管理政策制定相结合，从而为宏观区域规划、资源利用保护及生态保护补偿等政策制定提供科学依据。

但是能值分析法也存在局限性：第一，因为产品的能值转换率计算，需对生产该产品的系统作能值分析，十分的复杂且有难度，并且一些物质与太阳能关系很弱，甚至没有关系，这些物质很难用太阳能焦耳来度量。第二，能值反映的是物质产生过程中消耗的太阳能，所以这种方法既不能反映人类对生态系统提供服务的需求性，又不能反映生态系统服务的稀缺性。第三，能值分析可以为国际、国家和地方的政策分析和生态经济决策提供技术工具支撑，但是却难以用来研究人类或生物的社会组织、制度、行为、心理意识问题。因此，截至目前仍然局限于在经济或生态经济系统内应用。另外，能值法在自然资源经济核算和可持续发展中虽然运用较广，对于动物保育价值评价也有相关应用，但是缺乏标准、统一、认可度高的评价模型和体系，因此在动物多样性保育的能值模型相关工作还需要作进一步研究探讨。

第四节　基于能值分析的旗舰物种保育价值评估

本研究在 Odum 能值理论和胡涛（2019）能值模型改进的基础上对其作进一步修正，使其能够更好地运用到濒危动物保护和旗舰物种保护价值分析，确定了模型各个参数的含义和计算方法，并利用修订后的模型对麻阳河保护区的旗舰物种——黑叶猴的保育价值进行了评估，提高模型的精度，填补了以往生态产品评估中动物生物多样性保护价值核算的空白，对今后自然资源生态系统产品评估濒危物种和旗舰物种保育价值评估提供了借鉴。

一、能值分析改进模型

在物种保育服务及生物多样性能值评估过程中当前存在一些能值理论运用的案例，这些案例研究中物种能值计算方法为研究区中生存的物种数乘以相应研究区物种能值转换率。2011 年，孟范平和李睿倩在对物种能值分析中提出了 3 种主要改进的方法：①通过平均每个物种的太阳能值转换率与研究区生境对某物种的支持率相乘计算物种能值。②通过香浓维纳多样性指数计算物种能值。③通过研究区的生物量和物种多样性指数（香浓维纳指数、辛普森指数、均匀度指数）等多指标计算物种能值。综上可见，当前物种能值评估方法依然采用传统的物种能值评估方法，改进的计算方法主要依赖于生物多样性评价指标体系。

胡涛等（2019）在 Odum 提出的能值理论基础上改进了受威胁和濒危物种价值评估方法，并将其用于厦门受威胁和濒危物种价值估算。其模型整个运算流程如下：首先，计算单个物种

能值转换率；其次，构建不同濒危等级指数评估模型，并采用逐级分类筛选方式解决重复性计算问题；最后，通过社会经济环境系统的能值分析指标体系，计算中国能值／货币比率，从而得到不同濒危等级物种的能值货币价值。胡涛等（2019）改进的模型体现了濒危物种和特有种的保护价值，具有一定的代表性和适用性。珍稀濒危动物保育价值模型计算公式如下：

$$U = \left(1+0.1\sum_{x=1}^{x} E_m + 0.1\sum_{y=1}^{y} B_n\right) \times (x+y) \times \frac{\gamma}{EMR} \tag{4-1}$$

式中：U——特有物种、濒危和受威胁旗舰动物物种保育价值（元／年）；

E_m——评估区域内物种 x 的濒危指数（表1-1）；

B_n——评估区域内物种 y 的特有种指数（表1-2）；

x——纳入计算的濒危指数物种数（种）；

y——纳入计算的中国特有种指数物种数（种）；

γ——单个物种能值转换率（sej／种）；

EMR——全国的能值／货币比率 [（sej/¥）／年]（表1-4）。

物种能值转换率表征不同物种的太阳能值转化的效率，一般认为在地球生物圈 2×10^9 年的地质进化历史中有 1.5×10^9 个物种形成，应用 Brown 等 2010 年的年地球生物圈能值基准值（15.2×10^{24} sej／年），并以单个物种分布面积占地球表面积的比例修正得到单个物种能值转换率，计算公式如下：

$$\gamma = \frac{E_b}{\frac{\mu}{\sigma}} \times \theta \tag{4-2}$$

式中：γ——单个物种的能值转换率（sej／种）；

E_b——地球生物圈年能值基准值（sej／年）；

μ——历史中物种形成数量（种）；

σ——地质年代的时间（年）；

θ——研究区面积占地球表面积的比例（%）。

在模型参数的处理上，某一区域单个物种能值转化率的计算采用了研究区面积与地球表面积的比例计算，模型中认为所有物种在地球分布是均匀分布的，即相当于一个既定研究地区的物种能值转化率是一致的，不同地区的物种能值转化率取决于研究区面积的大小，而物种在实际分布过程中是存在特定区域的，各个物种的分布面积存在差异，因此模型在这个参数的处理中并没有考虑这个问题。某些特有种的分布范围很窄，有的物种的分布范围较宽，因此如何把这些因素在模型中得到优化解决值得关注。

二、物种能值转换率修正

胡涛等（2019）认为更能体现生态系统过程多样性和复杂性的能值评估法在评估珍稀

濒危物种保育价值中更加有效，其基于能值分析方法并采用濒危指数和特有度指数进行了修正，开展了受威胁和濒危物种的价值评估工作。这种评估方法适合较大区域尺度的评估工作，但评估某一较小区域尺度内旗舰物种保育价值时，将会严重地低估旗舰物种的保育价值。根据胡涛模型公式，在计算动物多样性保育价值中，根据研究区面积计算物种能值转化率，同一物种在不同研究区的物种能值转化率存在差异，并不能真正地反映物种能值转化率，为了能更好地处理不同物种全球分布面积不同造成的物种能值转化率差异问题，真实体现出各物种能值转化率差异，使得模型能够本地化，本研究中将模型优化。参数中计算方法改进，由原模型中研究区面积与地球表面积比值，改为物种分布面积与地球表面积比值，修正之后能够很好地反映出不同物种能值转换率差异，实现了各物种能值转换率是不同的，不同区域不同物种能值转化率是不同的，同一物种能值转换率是相同的，如麻阳河保护区的黑叶猴和其他地区的黑叶猴具有相同的能值转换率，这种计算方式更加合理，更容易被大众接受。

三、区域物种数量转换系数二次修正

修订后的物种能值转换效率，在计算局部分布区域动物保育价值的时候存在问题，因此对此作进一步修正，基于数量提出转换系数 Z，表示局部区域分布数量占总数量的比值。某个物种的能值转化率已知，那么在计算一个物种某个区域的保育价值的时候需要进行系数转换，计算出某个分布区域物种的价值，因此用数量转换系数进行换算，通过将研究区域内分布的濒危物种或者旗舰物种数量和物种所有数量的比值作为转换系数，这个转换系数计算出研究区域的濒危物种的保育价值。

四、基于能值的濒危物种和旗舰物种保育价值评估模型

基于珍稀濒危物种的生物多样性保育价值评估模型的基础上，通过二次修正之后，得到模型计算公式如下：

$$U = (1+0.1\sum_{x=1}^{x} E_m + 0.1\sum_{y=1}^{y} B_n) \times (x+y) \times \frac{\gamma}{EMR} \times Z \qquad (4-3)$$

式中：U——特有物种、濒危和受威胁旗舰动物物种保育价值（元／年）；

E_m——评估区域内物种 x 的濒危指数（表 1-1）；

B_n——评估区域内物种 y 的特有种指数（表 1-2）；

x——纳入计算的濒危指数物种数（种）；

y——纳入计算的中国特有种指数物种数（种）；

γ——单个物种能值转换率（sej／种）；

EMR——全国的能值／货币比率 [（sej／¥）／年]（表 1-4）；

Z——特定区域内某种物种个体数量占全国同类个体数量的比重（%）。

整个运算流程如下：首先，查找资料和准备数据，统计研究地区的濒危物种、特有种或者旗舰物种，记录特有种指数和濒危指数，计算每个物种的分布面积与地球表面积比值，计算单个物种能值转换率，能值单位用太阳能焦耳表示，简写为 sej；根据区域物种数量和全国分布数量的比值，并采用逐级分类筛选方式解决重复性计算问题；之后，通过社会经济环境系统的能值分析指标体系，计算中国能值 / 货币比率，从而得到不同濒危等级物种的能值货币价值，最后将所有物种的能值价值相加求和，算出特定区域的珍稀濒危物种的多样性保育价值（图 4-9）。

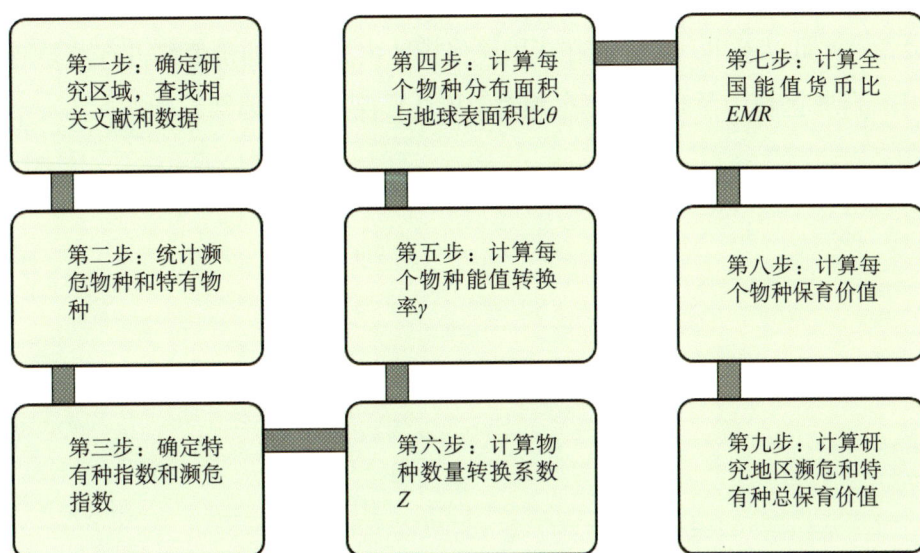

图 4-9　基于能值法的濒危和特有种的物种保育价值评估流程

第五节　麻阳河保护区黑叶猴保育价值

根据修订后的珍稀濒危和特有种的动物多样性保育模型，计算麻阳河的旗舰物种黑叶猴的保育价值。首先，计算黑叶猴在我国境内的分布面积，计算出黑叶猴物种的生物多样性保护价值；其次，计算麻阳河保护区黑叶猴个体数量占全国黑叶猴个体数量的比例；最后，根据全国黑叶猴生物多样性保护价值和麻阳河保护区黑叶猴数量所占全国的比例，计算出麻阳河保护区黑叶猴生物多样性保护价值。基于能值法的动物多样性指数法计算麻阳河保护区黑叶猴生物多样性保护价值具体计算过程如下：

（1）在地球生物圈 2×10^9 年的地质进化历史中有 1.5×10^9 个物种形成，应用 Brown 等 2010 年的年地球生物圈能值基准值（15.2×10^{24} sej/ 年），计算出黑叶猴物种能值转换率为 19.37×10^{20} sej/ 种。

（2）根据我国 2020 年能值分析表（表 1-4），得出 2020 年全国总能值为 16.08×10^{25} sej/ 年，在基于全国 2020 年 GDP 总量，计算出全国的能值 / 货币比率为 1.59×10^{12} [（sej/¥）/ 年]。

（3）根据表 1-1 和表 1-2 确定黑叶猴的濒危指数和特有种指数，评估出全国黑叶猴生物多样性保护价值为 19.49 亿元 / 年。

（4）根据麻阳河保护区黑叶猴数量占全国黑叶猴的比例，评估出麻阳河保护区黑叶猴生物多样性保护价值为 7.02 亿元 / 年。

本研究基于国内外较为成熟的能值法，利用濒危指数和特有种指数进行了修正，形成了保护动物的生物多样性保护价值评估模型。评估结果显示：黑叶猴多样性保护价值为 7.02 亿元 / 年，是植物物种生物多样性保护价值量的 1.7 倍，占保护区森林生态产品价值量比重超过了 1/4。由此可以看出，黑叶猴在麻阳河保护区生态产品的价值量占有重要地位，也侧面反映麻阳河保护区作为黑叶猴的栖息地对于黑叶猴保护的重要性。

第五章

森林生态产品价值实现路径设计

习近平总书记在深入推动长江经济带发展座谈会上强调，要积极探索推广绿水青山转化为金山银山的路径，选择具备条件的地区开展生态产品价值实现机制试点，探索政府主导、企业和社会各界参与、市场化运作、可持续的生态产品价值实现路径。探索生态产品价值实现，是建设生态文明的应有之义，也是新时代必须实现的重大改革成果。

> 生态产品：是指由自然生态系统提供的产品和服务，可分为物质供给类、调节服务类和文化服务类。
>
> 生态产品价值实现（ecosystem product value realization）：是将生态产品所蕴含的内在价值转化为经济效益、社会效益和生态效益的过程，是经济社会发展格局、城镇空间布局、产业结构调整和资源环境承载能力相适应的过程，有利于实现生产空间、生活空间和生态空间的合理布局。

2021年4月26日，中共中央办公厅、国务院办公厅印发了《关于建立健全生态产品价值实现机制的意见》，其中提出了生态产品价值实现的主要目标：到2025年，生态产品价值实现的制度框架初步形成，比较科学的生态产品价值核算体系初步建立，生态保护补偿和生态环境损害赔偿政策制度逐步完善，生态产品价值实现的政府考核评估机制初步形成，生态产品"难度量、难抵押、难交易、难变现"等问题得到有效解决（图5-1），保护生态环境的利益导向机制基本形成，生态优势转化为经济优势的能力明显增强。到2035年，完善的生态产品价值实现机制全面建立，具有中国特色的生态文明建设新模式全面形成，广泛形成绿色生产生活方式，为基本实现美丽中国建设目标提供有力支撑。

　　我国在探索生态产品价值实现进程中，开展了诸多有益工作，例如，在生态产品的产权上，建立归属清晰、权责明确、监管有效的产权制度，培育形成多元化的生态产品市场生产、供给主体，在生态产品的市场体系建设上，创设生态产品及其衍生品交易市场，建设有效的价格发现与形成机制，形成统一、开放、竞争、有序的生态产品市场体系。

图 5-1　生态产品价值实现机制瓶颈问题

　　中共中央、国务院印发的《关于完善主体功能区战略和制度的若干意见》，明确将贵州省列为国家生态产品价值实现机制试点。2020 年 6 月 11 日，贵州省推动长江经济带发展领导小组办公室下发通知，确定遵义市赤水市、毕节市大方县、铜仁市江口县、黔东南州雷山县和黔南州都匀市 5 个县（市）为贵州省生态产品价值实现机制试点。试点县（市）将围绕打通"两山"转化通道，积极探索政府主导、企业和社会各界参与、市场化运作、可持续发展的生态产品价值多元化实现路径，制定生态系统生产总值（GEP）核算技术规范、编制试点县（市）GEP 核算报告、制定生态产品价值实现机制试点方案。通过试点，到 2020 年，在全省形成一套科学合理的生态产品价值核算评估体系，形成具有良好示范效应的多元化生态产品价值实现模式，建立一套行之有效的生态产品价值实现制度体系。

　　张林波等（2020）在大量国内外生态文明建设实践调研的基础上，从近百个生态产品价值实现实践案例，从生态产品使用价值的交换主体、交换载体、交换机制等角度，归纳形成 8 大类和 22 小类生态产品价值实现的实践模式或路径，包括生态保护补偿、生态权益交易、资源产权流转、资源配额交易、生态载体溢价、生态产业开发、区域协同开发和生态资本收益等。国际上较为成功的案例：①法国国家公园使国家公园公共性生态产品价值附着在国家公园品牌产品上实现载体溢价，利用良好生态环境吸引企业投资、刺激产业发展是间接载体溢价模式；②瑞典森林经理计划在保证采伐量低于生长量的前提下开展经营；③德国"村

庄更新"计划依托生物资源发展农村产业链；④法国毕雷矿泉水公司为保持水质向上游水源涵养区农牧民支付生态保护费用；⑤哥斯达黎加 EG 水公司为保证发电所需水量、减少泥沙淤积购买上游生态系统服务。

　　生态产品价值实现的实质就是将生态产品的使用价值转化为交换价值的过程，王兵等（2020）结合森林生态系统服务评估实践，将 9 大功能类别与 10 大类实现路径建立了功能与服务转化率高低和价值化实现路径可行性的大小关系（图 5-2）。将森林生态系统的四大服务（支持服务、调节服务、供给服务、文化服务）对应保育土壤、林木养分固持、涵养水源等 9 大功能类别，不同功能类别对应生态效益量化补偿、自然资源负债表等 10 大价值实现路径，不同功能对应不同价值实现路径有较强、中等和较弱 3 个级别。森林生态产品价值化实现路径可分为就地实现和迁地实现。就地实现为在生态系统服务产生区域内完成价值化实现，例如，固碳释氧、净化大气环境等生态功能价值化实现；迁地实现为在生态系统服务产生区域之外完成价值化实现，例如，大江大河上游森林生态系统涵养水源功能的价值化实现需要在中、下游予以体现。

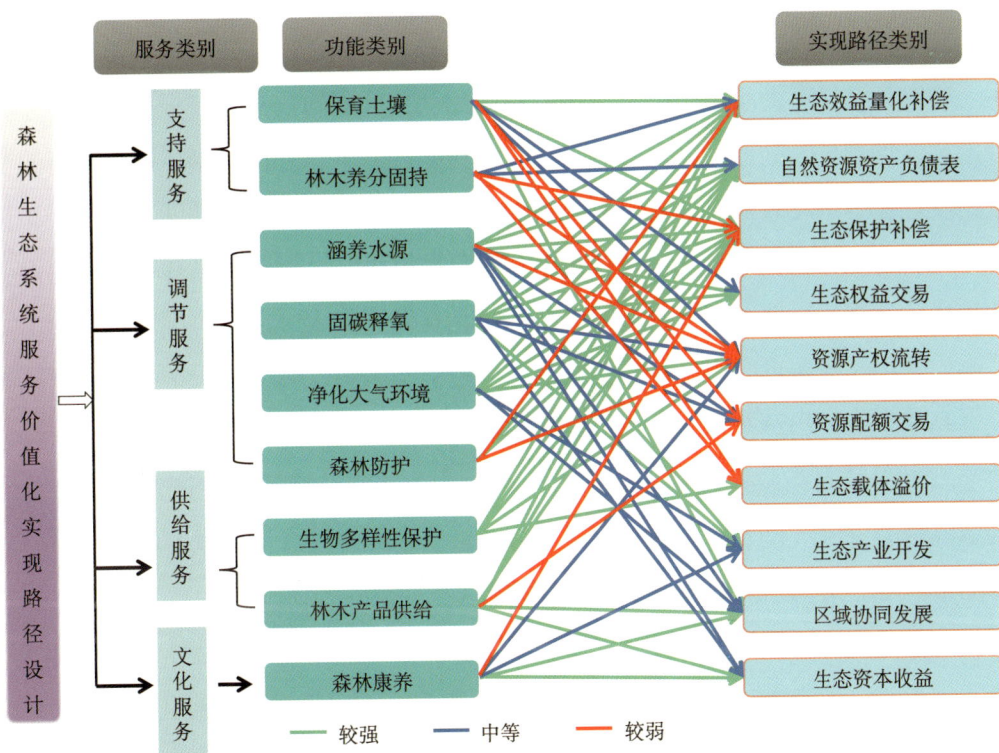

图 5-2　森林生态系统服务价值化实现路径设计（王兵等，2020）

注：不同颜色代表了功能与服务转化率的高低和价值化实现路径可行性的大小。

　　为实现多样化的生态产品价值，需要建立多样化的生态产品价值实现途径。为加快促进生态产品价值实现，需遵循"界定产权、科学定价、更好地实现与增加生态价值"的思路，有针对性地采取措施，更多运用经济手段最大程度地实现生态产品价值，促进环境保护与生

态改善。

　　麻阳河保护区森林生态系统服务功能评估以直观的货币形式呈现了森林生态系统为人们提供生态产品的服务价值，用详实的数据诠释了"绿水青山就是金山银山"理念。建立健全生态产品价值化实现机制，既是贯彻落实习近平生态文明思想、践行"两山"理念的重要举措，也是坚持生态优先、推动绿色发展、建设生态文明的必然要求，这将有利于把生态优势转化为经济优势，激发'生态优先、绿色发展'的内在动力，实现产业生态化和生态产业化，追求产业和生态环境系统的良性互动。因此，本节基于贵州麻阳河保护区的森林生态产品特点，结合生态产品价值化实现典型案例，设计保护区森林生态产品价值化实现路径，供政府和相关管理者提供思路，从而最大发挥森林生态产品价值，以供保护区管理局和当地政府参考。

第一节　森林生态效益精准量化补偿

　　随着人们对森林认识的逐渐加深，对森林生态效益的研究力度也在逐步加大，森林生态效益受到了各级政府部门的重视。对生态补偿的研究有利于生态效益评估工作的推进与开展，生态效益评估又有助于生态补偿制度的实施和利益分配的公平性。根据"谁受益、谁补偿，谁破坏、谁恢复"的原则，完善对重点生态功能区的生态补偿机制，形成相应的横向生态补偿制度，森林生态效益补偿可以更好地给予生态效益提供相应的补助（牛香，2012；王兵，2015）符合生态文明建设顶层设计规划和绿色发展思路，对于提高森林生态建设者与维护者的积极性，维护林地所有者合法的经济利益具有促进作用，能够协调"绿水青山"保护者与"金山银山"受益者之间公平性，实现林业经济发展和森林生态保护的"双赢"具有重要意义（马浩然等，2021）。

　　生态效益补偿是指政府或相关组织机构从社会公共利益出发向生产供给公共性生态产品的区域或生态资源产权人支付的生态保护劳动价值或限制发展机会成本的行为，是公共性生态产品最基本、最基础的经济价值实现手段。生态保护补偿大多采用普惠式的、单方向的生态产品价值实现机制，如当前针对重要功能区的财政转移支付、公益林补助等。

　　麻阳河保护区分布着较为丰富的森林资源，森林植被保护良好，野生动植物资源丰富，是一座重要的野生动植物资源"基因库"，主要以保护国家一级保护野生动物黑叶猴及其栖息地为主，每年发挥143636.71万元的森林生态系统服务价值，森林产品价值较大，对铜仁市林业总产值作出重要的贡献。采用人类发展指数的森林生态效益多功能定量化补偿系数计算方法，计算出森林生态效益定量化补偿系数、财政相对能力补偿指数、补偿总量及补偿额度。探索开展生态产品价值计量，推动横向生态补偿逐步由单一生态要素向多生态要素转变，丰富生态补偿方式，加快探索"绿水青山就是金山银山"的多种现实转化路径。

> 生态效益量化补偿：是基于人类发展指数的多功能定量化补偿，结合了生态系统服务和人类福祉的其他相关关系，并符合不同行政单元财政支付能力的一种给予森林生态系统服务提供者的奖励（牛香，2012）。

（一）人类发展指数

人类发展指数（human development index，HDI）是对人类发展情况的总体衡量尺度。它主要是从人类发展的健康长寿、知识的获取及生活水平三个基本维度衡量一个国家取得的平均成就。HDI 是衡量每个维度取得成就的标准化指数的集合平均数，基本原理及估算方法已有相关研究（Klugman，2011）。

人类发展指数的基本原理如图 5-3 所示。

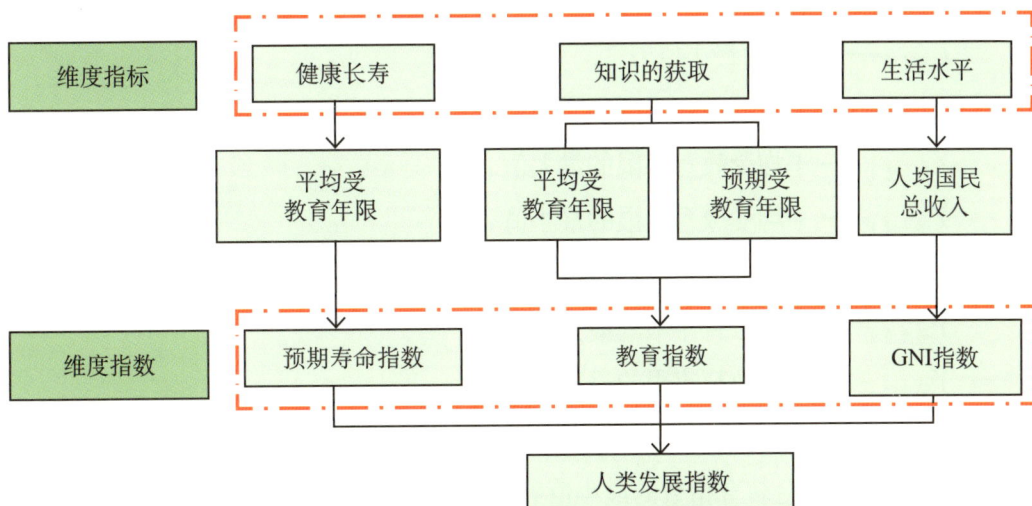

图 5-3　人类发展指数的基本原理

估算人类发展指数的方法：

第一步：建立维度指数。设定最小值和最大值(数据范围)，将指标转变为 0～1 的数值。最大值是从有数据记载的年份至今观察到的指标的最大值，最小值可被视为最低生活标准的合适数值。国际上通用的最小值被定为：预期寿命为 20 年，平均受教育年限和预期受教育年限均为 0 年，人均国民总收入为 100 美元。定义了最大值和最小值之后按照如下公式计算，由于维度指数代表了相应维度能力，从收入到能力的转换可能是凹函数（Anand，1994）。因此，需要对维度指数的最小值和最大值取自然对数。

$$维度指数 = （实际值-最小值）/（最大值-最小值）$$

$$即：I_{寿命} = （L_{实际值}-L_{最小值}）/（L_{最大值}-L_{最小值}） \tag{5-1}$$

$$I_{教育1}= \left(Y_{实际值1}-Y_{最小值1}\right) / \left(Y_{最大值1}-Y_{最小值1}\right) \tag{5-2}$$

$$I_{教育2}= \left(I_{实际值2}-I_{最小值2}\right) / \left(I_{最大值2}-I_{最小值2}\right) \tag{5-3}$$

$$I_{教育}= \left[\left(I_{教育1}-I_{教育1}\right)-I_{最小值}\right] / \left(J_{最大值}-J_{最小值}\right) \tag{5-4}$$

$$I_{收入}= \left(\ln R_{实际值}-\ln R_{最小值}\right) / \left(\ln R_{最大值}-\ln R_{最小值}\right) \tag{5-5}$$

式中：$I_{寿命}$——预期寿命指数；

　　　$I_{教育}$——综合教育指数；

　　　$I_{教育1}$——平均受教育年限指数；

　　　$I_{教育2}$——预期受教育年限指数；

　　　$I_{收入}$——收入指数；

　　　$L_{实际值}$——寿命的实际值；

　　　$L_{最大值}$——寿命的最大值；

　　　$L_{最小值}$——寿命的最小值；

　　　$Y_{实际值1}$——平均受教育年限的实际值；

　　　$Y_{最大值1}$——平均受教育年限的最大值；

　　　$Y_{最小值1}$——平均受教育年限的最小值；

　　　$Y_{实际值2}$——预受教育年限的实际值；

　　　$Y_{最大值2}$——预受教育年限的最大值；

　　　$Y_{最小值2}$——预受教育年限的最小值；

　　　$J_{最大值}$——综合教育指数的最大值；

　　　$J_{最小值}$——综合教育指数的最小值；

　　　$R_{实际值}$——人均国民收入的实际值；

　　　$R_{最大值}$——人均国民收入的最大值；

　　　$R_{最小值}$——人均国民收入的最小值；

　　　$R_{实际值}$、$R_{最大值}$、$R_{最小值}$经 PPP 调整，以美元表示）。

第二步：将这些指数合成即为人类发展指数。计算公式如下：

$$HDI= \left(I_{寿命} \times I_{教育} \times I_{收入}\right)^{1/3} \tag{5-6}$$

而与人类发展指数相关的为维度指标，恰好又是基本与人类福祉要素（诸如健康、维持高质量生活的基本物质条件、安全、良好的社会关系等）相吻合，而这些要素与森林生态系统服务密切相关，在经济学统计中，这些要素对应的恰恰又是居民消费的一部分。总的来说，人类发展指数是一个计算比较容易、计算方法简单、可以用比较容易获得的数据就可以计算的参数，且适用于不同的社会群体。HDI 也可以作为社会进步程度及社会发展程度的重

要反映指标。

（二）人类发展指数的维度指标与福祉要素的关系

人类发展指数的三个维度是健康长寿、知识的获取以及生活水平，福祉要素主要包括安全保障、维持高质量生活所需要的基本物质条件、选择与行动的自由、健康以及良好的社会关系等。显然，人类发展指数与人类幸福度（福祉要素）具有密切的关系，如健康长寿与健康和安全保障、知识的获取与良好的社会关系和选择行动的自由、生活水平与维持高质量生活所需要的基本物质条件等，均具有对应的关系。正如人们所经历和所意识到的那样，福祉要素与周围的环境密切相关，并且可以客观地反映出当地的地理、文化与生态状况等。

（三）生态系统服务与人类福祉的关系

生态系统与人类福祉的关系如图 5-4 所示，主要表现：一方面，持续变化的人类状况可以直接或间接地驱动生态系统发生变化；另一方面，生态系统的变化又可以导致人类的福祉状况发生改变。同时，许多与环境无关的其他因素也可以改变人类的福祉状况，而且诸多自然驱动力也在持续不断地对生态系统产生影响。

图 5-4　生态系统服务与人类福祉的关系（联合国千年生态系统评估框架，2005）

（四）生态效益定量化补偿计算

通过分析人类发展指数的维度指标，将其与人类福祉要素有机地结合起来，而这些要素与生态系统服务密切相关。在认识三者之间关系的背景下，牛香等（2012）进一步提出了基于人类发展指数的森林生态效益多功能定量化补偿系数。具体方法和过程介绍如下：

该方法是基于人类发展指数，综合考虑各地区财政收入水平而提出的适合中国国情的市级森林生态系统多功能定量化补偿系数（MQC）。

$$MQC_i = NHDI_i \times FCI_i \tag{5-7}$$

式中：MQC_i——i市森林生态系统效益多功能定量化补偿系数，以下简称"补偿系数"；

$NHDI_i$——i市人类发展基本消费指数；

FCI_i——i市财政相对补偿能力指数。

其中，

$$NHDI_i = (C_1 + C_2 + C_3) / GDP_i \tag{5-8}$$

式中：C_1——居民消费中食品类支出；

C_2——医疗保健类支出；

C_3——文教娱乐用品及服务类支出；

GDP_i——i市某一年国民生产总值。

$$FCI_i = G_i / G \tag{5-9}$$

式中：G_i——i市财政收入；

G——全省财政收入。

所以公式可改写为：

$$MQC_i = [(C_2 + C_1 + C_3) / GDP_i] \times (G_i / G) \tag{5-10}$$

由森林生态效益多功能定量化补偿系数可以进一步计算补偿总量及补偿额度，如公式所示：

$$TMQC_i = MQC_i \times V_i \tag{5-11}$$

式中：$TMQC_i$——i市森林生态系统效益多功能定量化补偿总量，以下简称"补偿总量"；

V_i——i市森林生态效益。

$$SMQC_i = TMQC_i / A_i \tag{5-12}$$

式中：$SMQC_i$——i市级森林生态系统效益多功能定量化补偿额度，以下简称"补偿额度"；

A_i——i 市森林面积。

根据上述公式计算麻阳河保护区的森林生态补偿系数和补偿额度见表 5-1，由表可以看出，麻阳河保护区的所在的铜仁市政府补偿能力系数为 0.066，补偿系数为 0.21%，根据保护区森林生态产品的价值量和林地面积计算得出补偿总量为 511.33 万元，每公顷森林补偿额度为 300.84 元 / 年，每亩 20.01 元。

表 5-1　麻阳河保护区生态补偿情况

年份	财政补偿能力系数	补偿系数（%）	补偿总量（万元）	补偿额度	
				元/（公顷·年）	元/（亩·年）
2021	0.066	0.21	511.33	300.84	20.01

国家在 2005 年就提出建立生态保护补偿机制，通过易地搬迁、资金补助、实物补贴、社保兜底等方式，对因保护生态环境而失去收入来源和发展机会的群众进行经济补偿。贵州省国有林区国家重点公益林纳入中央森林生态效益补偿基金制度的补偿范围，补偿额度为每年每亩 75 元（2004 年），属于一种政策性补偿。保护区内人工商品林禁伐后，国家给予重点森林生态效益补偿的标准是每亩山林每年 16 元，就算是人均拥有 100 亩林地，一年的补助也只有 1600 元。而根据人类发展指数计算的补偿额度为每年每亩 20.01 元（2021 年）高于政策性补偿［平均 5 元 /（亩·元）］。这个生态补偿金额受生态位、林分类型和生态功能等多方面的影响。

生态补偿中的生态效益定量化补偿系数是一个动态的补偿系数，不但与人类福祉的各要素相关，而且进一步考虑了省级财政的相对支付能力。以上数据说明，随着人们生活水平的不断提高，人们不再满足于高质量的物质生活，对于舒适环境的追求已成为一种趋势，而森林生态系统对舒适环境的贡献已形成共识。2021 年沿河土家族自治县生产总值（GDP）为 144.5 亿元，如果每年投入约 511.33 万元来进行森林生态效益补偿，将会极大地提高林区人民的生活水平，增强人民的保护意识和幸福指数（牛香，2012），在乡村振兴和生态保护上达到双赢，这将更加有利于保护区的森林资源经营与管理。

第二节　生态保护补偿

生态保护补偿是一种最保底的生态产品实现方式，结合麻阳河保护区的特点丰富生态补偿实现形式。保护区内人口众多，核心区内还有部分原住居民，因此需要政府开展保护的同时增强对保护区内人民的补偿，既要坚持严格保护维护自然的平衡稳定，也要坚持以人为本重视群众的现实需要，需要建立健全生态保护补偿机制，丰富补偿模式，实现"生

态得保护、林农得利益"，推动形成人与自然和谐共生。近年来贵州响应国家号召，着力完善森林生态效益补偿机制，利用生态补偿推进精准扶贫等案例可以作为借鉴，保护区管理局和当地政府部门在解决保护生态和人民生活发展问题时，可以将生态补偿机制纳入当地的政策当中。

> 生态保护补偿：指政府或相关组织机构从社会公共利益出发向生产供给公共性生态产品的区域或生态资源产权人支付的生态保护劳动价值或限制发展机会成本的行为，可以分为以上级政府财政转移支付为主要方式的纵向生态补偿、流域上下游跨区域的横向生态补偿、中央财政资金支持的各类生态建设工程、对农牧民生态保护进行的个人补贴补助4种方式（王兵，2020）。

2018年6月13日，由贵州省发展改革委主办的贵州省单株碳汇精准扶贫签约仪式在贵阳举行，标志着贵州省单株碳汇精准扶贫试点正式拉开序幕（图5-5），充分运用"互联网＋生态建设＋精准扶贫"新模式，切实推进低碳扶贫，助力扶贫攻坚，为实现减缓气候变化、促进生态文明建设和精准扶贫作出应有的贡献。贵州单株碳汇精准扶贫项目的实施机制是将全省建档立卡贫困户人工种植的胸径5厘米以上或树龄3年以上的乔木和竹子，逐一编号、拍照，连同贫困户基本信息一起上传到贵州省单株碳汇精准扶贫大数据平台，建立包含树木、碳汇价值以及贫困户基本信息的数据库，以每棵树每年碳汇3元的价格计算，发动社会个人、企事业单位和社会团体通过手机APP或微信公众号购买，购碳资金直接全额进入贫困户个人银行账户。贫困户不需要作任何投入，没有额外负担，只需要管护好树木即可增收。

图5-5 贵州单株碳汇精准扶贫项目的实施机制

2020 年，单株碳汇项目覆盖全省 18 个县 663 个村 10326 户，开发碳汇树木 412.3 万株，年可销售碳汇金额 1236.9 万元，其中"9+3"贫困区（县）以及盘州市共开发 10187 户 406.3 万株，年可交易碳汇金额 1218.9 万元，已全部售罄并足额分到贫困户账户，户均增收 1196 元，单株碳汇项目取得了阶段性成效，也证明了该项目有助于将全省范围内的林木资源转化为经济价值，由此实现生态保护与百姓增收的双赢。

在加强公益林补偿的同时，也要加强黑叶猴的保育价值补偿。黑叶猴作为国家一级保护的珍稀灵长类动物，保护价值高。麻阳河保护区不仅是全国野生黑叶猴分布最密集地区，也是全球最大野生黑叶猴种群分布地，黑叶猴的保育价值为 7.02 亿元，超过了麻阳河保护区森林生态产品总价值的四分之一。此外，黑叶猴活动区域与当地居民的生活范围存在交叉，据报道黑叶猴会取食玉米、红薯等农作物，影响当地居民的收入，因此为了更好地保护黑叶猴及保障群众生产生活，应对黑叶猴造成人员伤亡、农作物或其他财产损失的纳入补偿，要积极推动保险机构开展野生动物致害赔偿保险业务。

第三节　资源产权流转

资源产权流转模式是指具有明确产权的生态资源通过所有权、使用权、经营权、收益权等产权流转实现生态产品价值增值的过程，实现价值的生态产品既可以是公共性生态产品，也可以是经营性生态产品。资源产权流转可以按生态资源的类型分为耕地产权流转、林地产权流转、生态修复产权流转和保护地役权四种模式（王兵等，2013）。

重庆地票交易是耕地产权流转模式，将耕地的生态产品生产功能附载到地票上。福建南平顺昌森林生态银行借鉴商业银行模式，通过林权赎买、股份合作、林地租赁和林木托管等林权流转方式，将生态资源转换成了权属清晰、可交易的生态资产。起源于美国的保护地役权制度通过支付费用或税费减免方式限制土地利用方式，在不改变土地权属的情况下以降低成本实现保护生态环境的目标。美国农业部自然资源保护局通过购买耕地保护地役权，运用灵活的经济手段保护耕地免受开发占用。以上这些案例模式都可以借鉴。

2018 年贵州省启动实施了重点生态区位人工商品林赎买改革试点工作，通过试点实验，取得了较好成效，麻阳河保护区部分地区也包括在其中。人工商品林赎买对象为省级以上自然保护区内的林地及森林，重点是自然保护区核心区、缓冲区内的非国有且权属清楚的、易地扶贫搬迁移民所有或建档立卡户所有，或者虽在实验区但在自然保护地优化调整中不能调出的人工乔木林（松、杉、柏等用材树种，不包括经济林），赎买后林地所有权、林地承包经营权、林木所有权归国家所有。麻阳河保护区森林资源 90.1% 为集体林，核心区和缓冲

区所占区域比例大，区内原住居民多，建档立卡户及易地扶贫搬迁户所占比例大，群众的积极性很高，因此要逐步做好商品林的赎买，实现森林生态产品价值。

沿河土家族自治县黄土镇竹园村、务川自治县红丝乡上坝村等都处于麻阳河保护区核心区，由于保护区核心区不允许林木采伐，不能修路也不能发展产业，有些地方不通路不通电，需要步行几个小时才能走进去，日常的生活物资靠人背进山，农民找不到更好的增收之路，当地的人民生活贫困。赎买方应及时办理产权变更登记，纳入统一管理。贵州麻阳河国家级自然保护区管理局与上坝村村支"两委"、人工商品林赎买农户进行赎买价格座谈，根据测量时赎买山林情况，最终上坝村赎买价格为每亩 4850 元。拥有 150 亩山林的李泽友，卖了 106 亩山林并获利 50 多万元。保护区零散的商品林赎买转为国有，能更好发挥森林的生态价值。群众赎卖林地后责任不减，愿意协助进行管护，森林防火等管护压力也小了，群众和保护区工作人员的关系也日渐融洽。2021 年贵州省林业局、财政厅发布了《关于印发贵州省重点生态区位人工商品林赎买改革试点（2021—2025 年）工作方案的通知》，"十四五"期间，贵州省将继续在省级以上自然保护区开展赎买。截至 2025 年，将完成赎买改革试点任务 8.2 万亩以上，每年拟赎买约 1.6446 万亩。据悉，2018—2023 年，麻阳河保护区根据《贵州省重点生态区位人工商品林赎买改革试点工作方案》要求，按照贵州省林业局工作部署，组织实施完成重点生态区位人工商品林赎买，先后在沿河土家族自治县黄土镇雪花、平原、竹园、勇敢等村，新景镇毛家、新仲、长依等村和务川仡佬族苗族自治县红丝乡上坝村仡佬寨组、梨子坪组、冉家、大仲坨组以及月亮村桃子湾组共计实施了重点生态区位人工商品林赎买面积为 12269.42 亩（务川片区实施面积 3803.31 亩、沿河片区实施面积 8466.11 亩），兑现资金 5950.67 万元，惠及农户 173 户 842 人。其中，建档立卡脱贫户 124 户 605 人，易地扶贫搬迁户 24 户 99 人，一般户 25 户 138 人，户均受益 33.3 万元，人均受益 6.6 万元。

第四节　生态载体溢价

生态载体溢价主要针对自然生态系统被破坏或生态功能缺失地区，通过生态修复、系统治理和综合开发，恢复自然生态系统的功能，增加生态产品的供给，并利用优化国土空间布局、调整土地用途等政策措施发展接续产业，实现生态产品价值提升和价值"外溢"。

> 生态载体溢价：指将无法直接进行交易的生态产品的价值附加在工业、农业或服务业产品上，通过市场溢价销售实现价值的模式，分为直接载体溢价和间接载体溢价两种模式（张雪原等，2022）。

该模式的典型案例为自然资源部发布的《生态产品价值实现典型案例（第一批）》中的

河北省唐山市南湖采煤塌陷区生态修复及价值实现案例、福建省厦门市五缘湾片区生态修复与综合开发案例。面对严重的采煤塌陷地问题，唐山市经过持之以恒的生态建设，让昔日30平方千米的南湖采煤塌陷区转变为全国最大的城市中央生态公园，并在2016年成功举办了唐山世界园艺博览会。南湖通过生态产业模式，积极布局文化、旅游、体育产业，促进吃住行、游购娱、体育运动、生态人文等多要素的集聚，推动湖产共融化、湖城一体化、生态产业化。2019年，南湖共接待游客700多万人次，实现游客数量、旅游收入的连续增长。随着生态环境的改善与配套设施的日益完善，逐步构建了以南湖为中心、产业融合、生态宜居、集约高效的国土空间新格局，不但带动了周边区域的土地增值，而且汇聚了人流、物流、资金流和信息流，形成了区域发展的新兴增长点，实现了生态产品价值的外溢。厦门市五缘湾片区位于厦门岛东北部，规划面积10.76平方千米，涉及5个行政村，村民主要以农业种植、渔业养殖、盐场经营为主，2003年人均GDP只有厦门全市平均水平的39.4%，经济社会发展落后。由于过度养殖、倾倒堆存生活垃圾、填筑海堤阻断了海水自然交换等原因，内湾水环境污染日益严重，水体质量急剧下降，外湾海岸线长期被侵蚀，形成了大面积潮滩，造成五缘湾区自然生态系统破坏严重。2002年，按照时任福建省省长习近平同志关于"提升本岛、跨岛发展"的要求，厦门市委、市政府启动了五缘湾片区生态修复与综合开发工作。通过十余年的修复与开发，五缘湾片区的生态产品供给能力不断增强，生态价值、社会价值、经济价值得到全面提升，被誉为"厦门城市客厅"，走出了一条依托良好生态产品实现高质量发展的新路。

麻阳河保护区处于中亚热带季风气候带，森林覆盖率70%以上。由于自然条件优越，加之天然林资源保护工程、封山育林工程、退耕还林工程、森林防火工程等的有效实施，在保护区已形成大面积的栓皮栎、木荷、青冈栎等中幼龄林，马尾松、柏木、杉、樱、响叶杨等也大量出现，人工植物群落交错镶嵌。由此可见，麻阳河保护区的森林资源得到较好保护，生态环境得到改善，"绿色水库""绿色碳库""净化环境氧吧库"和"生物多样性基因库"等森林"四库"功能得到提升。因此，麻阳河保护区可依托良好的环境和生态效益，借助保护区的强大的生态价值和功能，尝试探索生态载体溢价模式，如发展农家乐、森林康养，以及集观光、科普、绿色有机食品和种植体验等于一体的种植庄园，贵州麻阳河自然保护区距沿河土家族自治县县城仅50千米，可以吸引本地和外地人前往，利用保护区良好的生态环境和优势推动旅游项目建设。

第五节　生态产业开发

生态产业开发是生态资源作为生产要素投入经济生产活动的生态产业化过程，是市场

化程度最高的生态产品价值实现方式，其关键是如何认识和发现生态资源的独特经济价值，如何开发经营品牌提高产品的"生态"溢价率和附加值。

> 生态产业开发：指经营性生态产品通过市场机制实现交换价值的模式，可以根据经营性生态产品的类别分为物质原料开发和精神文化产品两类（王兵等，2020）。

生态资源同其他资源一样是经济发展的重要基础，充分依托优势生态资源，将其转为经济发展的动力是国内外生态产品价值实现的重要路径。该模式可参考案例包括自然资源部发布的《生态产品价值实现典型案例（第三批）》中的吉林省抚松县发展生态产业推动生态产品价值实现案例、《生态产品价值实现典型案例（第二批）》中的江苏省苏州市金庭镇发展"生态农文旅"促进生态产品价值实现案例。吉林省白山市抚松县面对禁止开发区域和限制开发区域占比高的现状，坚持生态优先、绿色发展，做大做优"绿水青山"提升优质生态产品供给能力；利用得天独厚的资源禀赋条件和自然生态优势，因地制宜地发展矿泉水、人参、旅游三大绿色产业，促进生态产品价值实现和效益提升。近年来，江苏省苏州市金庭镇坚持生态优先、绿色发展的理念，按照"环太湖生态文旅带"的全域定位，依托丰富的自然资源资产和深厚的历史文化底蕴，积极实施生态环境综合整治，推动传统农业产业转型升级为绿色发展的生态产业，打造"生态农文旅"模式，实现了经济价值、社会价值、生态价值、历史价值、文化价值的全面提升。

瑞士山地占国土面积的 90% 以上，是传统意义的资源匮乏国家，但通过大力发展生态经济，把过去制约经济发展的山地变成经济腾飞的资源，探寻出一条山地生态与乡村旅游可持续发展之路。瑞士旅游注重将本土文化、历史遗迹与自然景观有机结合，打造特色旅游文化品牌，吸引不同文化层次的游客，使旅游业收入约占 GDP 的 6.2%。

上述瑞士和我国吉林省、江苏省生态产业开发的成功经验，为麻阳河保护区森林生态产业开发实现路径提供了可借鉴的方式。麻阳河保护区内自然生态好，集深涧峡谷、悬崖峭壁、原始森林、珍稀动物、溶洞于一体，自然景观雄壮奇特，人文景观丰富多样，自然和人文景观相互联系，补充烘托，独具魅力，观赏性极高。保护区内以少数民族为主，沿河土家族自治县是全国四个土家族自治县之一，至今仍保留着土家民歌、摆手舞、"肉莲花"舞、打镏子、薅草锣鼓、傩堂戏、花灯戏等独具特色的民风民俗和民间艺术，其中"肉莲花"舞曾三次获得全国金奖。沿河土家族自治县也是著名的革命圣地，1934 年，贺龙、关向应等老一辈无产阶级革命家率中国工农红军第二方面军在沿河谯家土地湾建立了全国八大革命根据地之一，因此沿河土家族自治县也是云贵高原上唯一的红色革命根据地。务川仡佬族苗族自治县（简称务川县）历史悠久，文化灿烂。自隋开皇 19 年(公元 599 年)置县至今已有 1400 多年的历史，被誉为"丹砂古县、仡佬之源、铝土矿都、野银杏之乡"。作为仡佬族的发祥地和文化核心区，务川孕育了丰富的精神和物质文化，拥有全国唯一且保存最完好的龙潭仡佬民族文化村及世

界上现存最古老的丹砂冶炼技术，还拥有众多独特的仡佬风情民俗等历史遗存。

因此，麻阳河保护区应依托特殊的地理区位、丰富的自然资源和深厚的历史文化底蕴，建立"生态红色文旅"模式，塑造黑叶猴＋喀斯特地貌＋红色基地＋民族特色四位一体的麻阳河保护区生态旅游特色，充分利用其生态资源，转变成可带动经济发展的生态旅游资源，多渠道发展旅游产品，实现生态产业化经营和市场化价值实现，从而达到生态产品价值化的目的。当前麻阳河保护区所在沿河土家族自治县与重庆市交通建设（集团）有限责任公司、重庆市彭水苗族土家族自治县、酉阳土家族苗族自治县及贵州省务川仡佬族苗族自治县相继完成了系列文化旅游规划编制，启动了《麻阳河国家级自然保护区生态旅游总体规划》编制，并投资 20 万元完成了全县乡村旅游规划的编制。在此基础上，可以通过如下路径实现：

（1）围绕烟叶、野生蜂蜜、柑橘、姚溪"贡茶"、雕刻、剪纸、刺绣、编织等特色农林产品，打造麻阳河保护区特色"农林品名片"，将传统历史文化内涵融入特色农林产品的宣传销售中，增加产品附加值；通过"互联网＋农产品"销售模式，拓展"特色农林产品变优质商品"的转化渠道；与顺丰快递签订战略协议，在各个村主要路口设置快递站点，提高鲜果产品运输效率。

（2）重点打造麻阳河保护区生态旅游产业链，充分利用其生态资源，转变成可带动经济发展的生态旅游资源，多渠道发展旅游产品，如天生桥、朱家洞、游龙洞等地文景观；喀斯特地貌景观、峡谷地貌景观、原始森林、黑叶猴栖息地等生物景观；仡佬古寨龙潭村、三忠天烈申祐祠、高峰石城古堡等人文景观；猪圈门红三军、征战遗址、雪花盖剿匪战斗遗址、牛皮塘剿匪战斗遗址、黄土解放军烈士纪念碑等遗址遗迹。

（3）挖掘"少数民族风情旅游"产业链，挖掘土家族、仡佬族、苗族等少数民族风情民俗，鼓励村民发展特色民宿、民间演艺、民间节庆、特色服饰、地方风俗与民间礼仪等，实现从传统餐饮住宿向民俗文化体验活动拓展，形成"吃采看游住购"全产业链。

（4）加大对保护区森林生态系统保护力度，推动绿色生态资源与富民产业相结合，发展教育培训、生态旅游、会展等产业，吸引游客"进入式消费"，将生态优势转化为经济优势，实现"绿水青山"的综合效益。

（5）在不影响生态系统服务功能的前提下，通过投资补助、贴息贷款等优惠政策，把生态产品、物质产品和少数民族文化产品"捆绑式"经营，使生态要素成为绿色产业发展必不可少的生产要素，让其价值转移到生态型农林产品和旅游产品中，并通过产品销售实现其价值。

第六节　自然资源资产负债表编制

"探索编制自然资源资产负债表，对领导干部实行自然资源资产离任审计，建立生态环

境损害责任终身追究制"是十八届三中全会做出的重大决定，也是国家健全自然资源资产管理制度的重要内容。2015 年，中共中央、国务院印发了《生态文明体制改革总体方案》，与此同时强调生态文明体制改革工作以"1+6"方式推进，其中包括领导干部自然资源资产离任审计的试点方案和编制自然资源资产负债表试点方案。2016 年 12 月，《"十三五"国家信息化规划》提出实施自然资源监测监管信息工程，建立全天候的自然资源监测技术体系，构建面向多资源的立体监控系统，在 2018 年基本建成自然资源和生态环境动态监测网络和监管体系。

> 自然资源资产负债表：是指利用资产负债表的方法，将全国或一个地区的所有自然资源资产进行分类加总而形成的报表。建立自然资源资产负债表，就是要核算自然资源资产的存量及其变动情况，以全面记录当期（期末-期初）自然和各经济主体对生态资产的占有、使用、消耗、恢复和增值活动，评估当期生态资产实物量和价值量的变化。构建区域自然资产价值评估模型和评价体系，尽可能精确、完整地反映和体现自然资本的价值，为规划、管理、评估区域可持续发展及衡量绿色投资绿色金融的回报提供科学的分析工具。

森林资源资产负债表是一张反映森林资源资产在特定时点的实物量（储量）及价值量的报表，展现特定时期的森林资源现状，有助于摸清自身资源"家底"，以及揭示区域森林资源的保护情况。森林资源资产负债表的核算要素包括：①森林资源资产，包括管辖范围内的林地资源和林木资源资产。②森林资源负债，根据目前的法律法规，超限开发、盗伐损坏的森林资源，森林火灾迹地，违规占用的林地等均属森林资源负债事项，都应通过负债进行核算。③森林资源净权益，即森林资源资产去除森林资源负债后的净额。根据核算要素的特点，需要分别设置不同类型的核算账户，以记录核算对象的实物量和价值量，然后通过核算账户进行分类计算汇总，得到核算报表。

2013 年年底，我国明确提出"探索编制自然资源资产负债表"之后，我国专家学者和政府积极进行了报表构建的研究和尝试实践。内蒙古赤峰、北京怀柔等都进行了资产负债表的编制工作。

由于我国自然资源资产负债表的编制尚处于探讨阶段，因此参考、借鉴国际上的先进理论和经验就显得十分必要。当前，国际上关于自然资源核算最为前沿的理论体系当属《环境经济核算体系中心框架（2012）》（以下简称《SEEA2012》），由联合国、欧洲联盟委员会、联合国粮食及农业组织、国际货币基金组织、经济合作与发展组织、世界银行集团于 2014 年共同发布，是首个环境经济核算体系的国际统计标准。《SEEA2012》由一整套综合表格和账户构成，提供了国际公认的环境经济核算的概念、理论与基本操作方式。

根据《SEEA2012》的核算内容，森林资源资产价值包含林地与林木两部分，而联合国

粮食及农业组织林业司编制的《林业的环境经济核算账户——跨部门政策分析工具指南》(以下简称《FAO—2004》),把研究对象从林地与林木价值扩展到森林生态服务的价值上。在核算方法上,森林资源和湿地资源价值估算的方法有3个方向:一是资源在市场上的买卖价格为基准,有直接市场法、净现值法、重置成本法;二是模拟市场价格的方法为资源定价,有条件价值法、边际成本法等;三是利用替代产品的价值来测算资源的价值,有替代成本法、影子价格法、成果参照法等。本研究根据《SEEA2012》《FAO—2004》进行麻阳河保护区森立资产负债表的编制。

(一)账户设置

结合麻阳河保护区的情况,按照自然资源资产负债表编制的程序和要求,首先建立3个账户:①一般资产账户,用于核算麻阳河保护区正常财务收支情况;②森林资源资产账户,用于核算麻阳河保护区森林资源资产的林木资产、林地资产、非培育资产;③森林生态产品账户,用来核算麻阳河保护区森林生态产品,包括:保育土壤、林木养分固持、涵养水源、固碳释氧、净化大气环境、生物多样性保护、科研文化等森林生态系统服务功能。

(二)森林资源资产账户编制

根据《SEEA2012》,国家林业局和国家统计局2015年合作研究出版了《中国森林资源核算报告》,联合国粮食及农业组织林业司编制的《林业的环境经济核算账户—跨部门政策分析工具指南》指出,森林资源核算内容包括林地和林木资产核算、林产品和服务的流量核算、森林环境服务核算和森林资源管理支出核算。而我国的森林生态系统核算的内容一般包括:林木、林地、林副产品和森林生态系统服务。因此,参考联合国粮食及农业组织林业环境经济核算账户和我国国民经济核算附属表,以及《生态文明制度构建中的中国森林资源核算研究》的有关内容,本研究确定麻阳河保护区森林资源核算评估的内容主要为林地、林木和林产品生产与服务三部分。

1. 林地资源核算

林地是森林的载体,是森林物质生产和生态系统服务的源泉,是森林资源资产的重要组成部分,完成林地资产核算和账户编制是森林资源资产负债表的基础。林地资产价值核算要根据不同立地类型选择不同的核算方法。《中国森林资源核算报告》主张对林地资源的核算使用市场法或净现值法。但是从实际调查数据结果看,我国林地交易市场并不完善,交易案例少,价格没有代表性,因此本研究采用年金资本化法。计算公式如下:

$$E=A/P \tag{5-13}$$

式中:E——麻阳河保护区林地评估值(元);

A——麻阳河保护区被评估的林地年平均地租(元/亩);

P——投资收益率(%)。

本研究根据国土资源局（现自然资源部）的土地交易中心以及土流网等查询确定生长非经济树种的林地地租为 200 元 /（亩·年），经济树种的林地地租为 500 元 /（亩·年），投资收益率为 2.5%。目前，国际和国内土地价值评估中通常采用 2%～3% 的投资益率。由于林地经营周期长，投资回报期长，投资收益率远低于社会平均收益率，因此采用平均值，即 2.5% 的投资收益率。根据公式计算得出，2021 年麻阳河保护区非经济林地（含灌木林）的价值量为 30.30 亿元，经济树种林地价值量为 0.21 亿元，总林地价值量为 30.52 亿元，具体价值核算见表 5-2。

表 5-2　林地资产核算表

林地类型	平均地租 [（元/（亩·年）]	收益率 （%）	林地估值 （元/公顷）	面积 （公顷）	价值 （亿元）
非经济树种林地（含灌木林）	200	2.5	119940.03	25266.53	30.30
经济树种林地	500	2.5	299850.07	71.46	0.21
合计				25337.99	30.52

2. 林木资产核算

林木资源是重要的自然资源，是森林的实体资产，可为建筑、造纸、家具及其他产品生产提供收入，是重要的燃料来源和碳汇集地。编制林木资源资产账户，可将其作为计量工具，提供信息、评估和管理林木资源变化及其提供的服务。本研究中林木蓄积量价值评估中投资收益率参考《中国森林资源核算研究》中的投资收益率取 4.5%，经济林和竹林的投资收益率较高取 6%。

（1）幼龄林、灌木林等林木价值量采用重置成本法核算。其计算公式如下：

$$E_n = k \times \sum_{i=1}^{n} C_i (1+P)^{n-i+1} \tag{5-14}$$

式中：E_n——林木资产评估价值（元）；

　　　k——林分质量调整系数；

　　　C_i——第 i 年以现时工价及生产水平为标准计算的生产成本，主要包括各年投入的工资、物质消耗等（元）；

　　　n——林分年龄；

　　　P——投资收益率（%）。

（2）中龄林、近熟林林木价值量采用收获现值法计算。其计算公式如下：

$$V_n = \sum_{t=n}^{u} \frac{A_t - C_t}{(1+P)^{t-n+1}} \tag{5-15}$$

式中：V_n——林木资产评估值；

A_t——第 t 年收入；

C_t——第 t 年成本支出；

u——经营期；

P——投资收益；

n——林分年龄。

（3）近熟林、成熟林、过熟林价值评估。采用市场到算法，用被评估林木采伐后取木材市场销售总收入，扣除木材经营所消耗的成本（含有关税费）及应得的利润后，剩余的部分作为林木资产评估价值林木价值。计算公式如下：

$$V=W-C-F \tag{5-16}$$

式中：V——近熟林、成熟林、过熟林的评估价值；

　　　W——木材销售总收入；

　　　C——木材生产经营成本（包括采运成本、有关税费）；

　　　F——木材生产经营段利润。

（4）经济林林木价值评估。采用收益现值法，经济林林木未来经营期内的净收益折现累计求和。计算公式如下：

$$V_n=A \times \frac{(1+P)^{u-n}-1}{P(1+P)^{u-n}} \tag{5-17}$$

式中：V_n——经济林评估价值；

　　　A——盛产期内年净收益；

　　　u——经济寿命期；

　　　n——经济林林木年龄；

　　　P——投资收益率。

经济林投资收益较高，国内经济林的林木价值评估普遍采用投资收益率 6%，本研究采用 6% 的投资收益率。

（5）竹林林木价值评估。一般采用年金资本化法，新造未成熟竹林可采用重置成本法。计算公式如下：

$$V=\frac{A}{P} \tag{5-18}$$

式中：V——竹林价值评估值；

　　　A——竹林的年净收益；

　　　P——投资收益率。

本研究竹林林木价值评估按照毛竹林、杂竹两大类评估，投资收益率取 6%。

林木资产价值核算未包含经济林林木资产的价值，经济林的价值体现到林地价值和林产品价值中。参照王骁骁（2016）的计算方法，k 取 1，麻阳河保护区马尾松面积较大，因此作为主要参考对象，幼龄林营林成本 C 第一年取 470 元 / 亩，第二年 220 元 / 亩，第三年 190 元 / 亩，第四年 40 元 / 亩，P 为 0.045，根据公式（5-14）计算得到单位面积幼龄林和灌木林的平均重置成本为 1111.27 元 / 公顷，与幼龄林、灌木林面积相乘得到两类林木的资产价值。

因为缺少林木资源生长过程表或收获表等计算必要数据，本研究将采用市场价格倒算法对中龄林、近熟林资源价值进行评估，成熟林和过熟林采用市场价格倒算法进行评估。根据凌笋（2019）的研究，得到 W 为 709.91 元 / 立方米，C 为 156.82 元 / 立方米，F 为 15.45 元 / 立方米，单位蓄积量林木资产评估价值为 537.65 元 / 立方米，结合中龄林、近熟林、成熟林和过熟林的蓄积量数据得到林木资产评估的价值（表 5-3）。

表 5-3　林木资产核算

林木资产价值核算	林龄组	面积（公顷）	资产评估价值（元）
乔木林	幼龄林	7669.53	8522931.57
	中龄林	4075.44	31289.94
	近熟林	2361.71	10616.69
	成熟林	934.81	8088.07
	过熟林	119.78	1319.94
灌木林		8341.26	9269406.11
合计	—	23502.53	17843652

3. 林产品核算

林产品指从森林中，通过人工种植和养殖或自然生长的动植物上所获得的植物根、茎、叶、干、果实、苗木种子等可以在市场上流通买卖的产品，主要分为木质产品和非木质产品。其中，非木质产品是指以森林资源为核心的生物种群中获得的能满足人类生存或生产需要的产品和服务。包括植物类产品、动物类产品和服务类产品，如野果、药材、蜂蜜等。麻阳河保护区主要的林产品主要包括油桐、乌桕、蜂蜜、沙子空心李、武陵富硒茶、藤制品等。

林产品价值量评估主要采用市场价值法，在实际核算森林产品价值时，可按林产品种类分别估算。评估公式为某林产品价值 = 产品单价 × 该产品产量。

麻阳河保护区森林资产负债表见表 5-4，资产核算中 2021 年资产核算情况，在后面连续编制资产负债表，能够清晰地追踪资产的动态变化，同时也能看出保护区生态资产的增减情况。

表 5-4 麻阳河保护区森林资源资产负债表

亿元

资产	行次	期初数	期末数		负债及所有者权益	行次	期初数	期末数
流动资产:					流动负债:			
货币资金	1				短期借款	100		
短期投资	2				应付票据	101		
应收票据	3				应收账款	102		
应收账款	4				预收款项	103		
减: 坏账准备	5				育林基金	104		
应收账款净额	6				拨入事业费	105		
预付款项	7				专项应付款	106		
应收补贴款	8				其他应付款	107		
其他应收款	9				应付工资	108		
存货	10				应付福利费	109		
待摊费用	11				未交税金	110		
待处理流动资产净损失	12				其他应交款	111		
一年内到期的长期债券投资	13				预提费用	112		
其他流动资产	14				一年内到期的长期负债	113		
	15				国家投入	114		
	16				育林基金	115		
流动资产合计	17				其他流动负债	116		
营林、事业费支出:					应付林木损失费	117		
营林成本	18				流动负债合计	118		
事业费支出	19				应付森源资本:			

（续）

资产	行次	期初数	期末数	负债及所有者权益	行次	期初数	期末数
营林、事业费支出合计	20			应付森源资本	119		
森源资产：				应付林木资本款	120		30.52
林木资产	21			应付林地资本款	121		0.178437
林地资产	22			应付湿地资本款	122		—
林产品资产	23			应付培育资本款	123		
培育资产	24			应付生态资本：	124		30.69844
森源资产合计	25			涵养水源	125		
应朴森源资产：				保育土壤	126		
应朴林木资产款	26			固碳释氧	127		
应朴林地资产款	27			林木养分固持	128		
应朴林湿地资产款	28			净化大气环境	129		
应朴非培育资产款	29			生物多样性保护	130		
应朴森源资产合计	30			森林防护	131		
生量林木资产：				森林康养	132		
生量林木资产合计	31			林木产品供给	133		
应朴生态资产：				旗舰动物保育	134		
涵养水源	32			科研	135		
保育土壤	33			科普	136		
固碳释氧	34			其他生态服务功能	137		
林木养分固持	35			应付生态资本合计			
净化大气环境	36			长期负债：			
植物物种保育	37			长期借款	138		

（续）

资产	行次	期初数	期末数	负债及所有者权益	行次	期初数	期末数
旗舰动物保育	38			应付债券	139		
科研	39			长期应付款	140		
科普	40			其他长期负债	141		
森林防护	41			其中：住房周转金	142		
森林康养	42			长期发债合计	143		
林木产品供给	43			负债合计	144		
其他生态服务功能	44			所有者权益：			
应补生态资产合计	45			实收资本	145		
生态交易资产：				资本公积	146		
涵养水源	46			盈余公积	147		
保育土壤	47			其中：公益金	148		
固碳释氧	48			未分配利润	149		
林木养分固持	49			生量林木资本	150		
净化大气环境	50			生态资本	151		14.36367
植物物种保育	51			涵养水源	152		4.789088
旗舰动物保育	52			保育土壤	153		1.087735
科研	53			固碳释氧	154		1.847582
科普	54			林木养分固持	155		0.255412
森林防护	55			净化大气环境	156		2.260366
森林康养	56			植物物种保育	157		4.123487
林木产品供给	57			旗舰动物保育	158		7.02
其他生态服务功能	58			科研	159		2.84

（续）

资产	期初数	期末数	行次	负债及所有者权益	行次	期初数	期末数
生态交易资产合计			59	科普	160		0.39
生态资产:				森林防护	161		
涵养水源		4.789088	60	森林康养	162		
保育土壤		1.087735	61	林木产品供给	163		
固碳释氧		1.847582	62	其他生态服务功能	164		
林木养分固持		0.255412	63	森源资本	165		30.69844
净化大气环境		2.260366	64	林木资本	166		30.52
植物物种保育		4.123487	65	林地资本	167		0.178437
旗舰动物保育		7.02	66	林产品资本	168		—
科研		2.84	67	非培育资本	169		
科普		0.39	68	生态交易资本	170		
森林防护			69	涵养水源	171		
森林康养			70	保育土壤	172		
林木产品供给			71	固碳释氧	173		
其他生态服务功能			72	林木养分固持	174		
生态资产合计		14.36367	73	净化大气环境	175		14.36367
生量生态资产:				植物物种保育	176		
涵养水源			74	旗舰动物保育	177		
保育土壤			75	科研	178		
固碳释氧			76	科普	179		
林木养分固持			77	森林防护	180		
净化大气环境			78	森林康养	181		
植物物种保育			79	林木产品供给	182		

（续）

资产	行次	期初数	期末数	负债及所有者权益	行次	期初数	期末数
旗舰动物保育	80			其他生态服务功能	183		
科研	81			生量生态资本	184		
科普	82			涵养水源	185		
森林防护	83			保育土壤	186		
森林康养	84			固碳释氧	187		
林木产品供给	85			林木养分固持	188		
其他生态服务功能	86			净化大气环境	189		
生量生态资产合计	87			植物物种保育	190		
长期投资：				旗舰动物保育	191		
长期投资合计	88			科研	192		
固定资产：				科普	193		
固定资产原价	89			森林防护	194		
减：累积折旧	90			森林康养	195		
固定资产净值	91			林木产品供给	196		
固定资产清理	92			其他生态服务功能	197		
在建工程	93				198		
待处理固定资产净损失	94				199		
固定资产合计	95				200		
无形资产及递延资产：					201		
递延资产	96				202		
无形资产	97				203		
无形资产及递延资产合计	98			所有者权益合计	204		
资产总计	99		86.01054	负债及所有者权益总计	205		86.01054

第七节　区域协同发展实现路径

区域协同发展可以分为在生态产品受益区域合作开发的异地协同开发和在生态产品供给地区合作开发的本地协同开发两种模式。

> 区域协同发展：指公共性生态产品的受益区域与供给区域之间通过经济、社会或科技等方面合作实现生态产品价值的模式，是有效实现重点生态功能区主体功能定位的重要模式，是发挥中国特色社会主义制度优势的发力点（王兵等，2013）。

浙江金华—磐安共建产业园、四川成都—阿坝协作共建工业园均是在水资源生态产品的下游受益区建立共享产业园，这种异地协同发展模式不仅保障了上游水资源生态产品的持续供给，同时为上游地区提供了资金和财政收入，有效地减少了上游地区土地开发强度和人口规模，实现了上游重点生态功能区定位。金华市生态环境局义乌分局与浦江分局签定了《义乌—浦江生态环境保护战略合作备忘录》，进一步夯实了"义浦同城"一体化的生态环境保护基础，迈出了深化协调联动、创新一体发展的新步子。长株潭城市群生态绿心地区，践行生态文明区域协同共建共享模式，长株潭城市群将绿心作为生态环境的核心要素，通过引导、规划、管制等方式，发挥了各级政府主体、企业主体、社会组织主体、公民个体的协同作用，阻止了绿心过度开发、面积缩小、功能下降的趋势，实现了区域协同发展。

本地协同发展模式实施的前提是生态产品供给地区具有开发的基础和条件，并且所发展的经济产业对生态环境影响非常小，例如厦门—龙岩山海协作经济区，厦门通过提供资金、技术和项目扶持上游地区发展的同时，解决自身建设用地指标紧张的难题。

区域协同发展是指公共性生态产品的受益区域与供给区域之间通过经济、社会或科技等方面合作实现生态产品价值的模式，是有效实现重点生态功能区主体功能定位的重要模式，是发挥中国特色社会主义制度优势的发力点。在我国目前的体制下建立以行政主导、多方社会力量共同参与的环境治理协调机制是解决环境管理权力分割的有效途径。麻阳河保护区位于黔东北沿河土家族自治县及务川仡佬族苗族自治县接壤处，属于铜仁市和遵义市境内，首先通过本地协同开发，依据《铜仁市"十四五"林业草原保护发展规划》，有序发展铜仁市林草业，整合铜仁市各县（市、区）的生态资源，发展绿色经济，提高全市对生态产品的重视程度，充分发挥各县（市、区）生态产品的特点，最大化实现生态产品的价值，如油茶、竹子、花椒等特色林业产业以及林药、林菌、林禽、林蜂、森林康养等林下经济产业；另外是异地协同开发，根据《贵州省"十四五"林业草原保护发展规划》中的布局，麻阳河保护区属于大娄山—武陵山生物多样性保护、经济林发展经营区，该区地处贵州东北部深切割地带，地貌类型以中山峡谷为主，乌江水系流经该区域，是全省自然保护区聚集区域，为全国生物多样性保护优先区之贵州高原大娄山脉生物多样性保护优先区域。生物多样

性丰富但生态廊道连通性差，森林生态功能不完善。因此，遵义市和铜仁市积极开展长江及南方丘陵山地带赤水河右岸、黔东北山地丘陵区域性山水林田湖草系统治理示范项目，加强岩溶地区石漠化综合治理，加强宽阔水、大沙河、梵净山、麻阳河等自然保护区生物多样性保护，保护生态系统完整性；加强武陵山生态保护修复，封山育林与人工造林相结合，开展退化林修复，提高森林质量；加强林区道路等基础设施建设，提高林区路网密度。

麻阳河保护区的主要河流为乌江一级支流麻阳河与洪渡河，作为长江的上游，麻阳河和洪渡河的深切割河谷沿岸地带，有着重要的水源涵养保护作用，土壤固持量为 54.12 万吨 / 年，调节水量 5416.29 万立方米 / 年，涵养水源价值 4.79 亿元 / 年，保育土壤价值 1.09 亿元 / 年。麻阳河保护区还作为国家重要功能区，对于下游长江区域发展发挥着重要的生态作用。

参考文献

"中国森林生态系统服务功能评估"项目组，2010. 中国森林生态系统服务功能评估 [M].
　　北京：中国林业出版社.

"中国森林资源核算研究"项目组，2015. 生态文明制度构建中的中国森林资源核算研究 [M].
　　北京：中国林业出版社.

曾娅杰，2011. 贵州麻阳河国家级自然保护区黑叶猴栖息地适宜性和保护区最小面积研究
　　[D]. 北京：北京林业大学.

陈理军，2015. 新疆喀纳斯旅游区森林生态系统服务价值动态评估研究 [D]. 乌鲁木齐：新疆
　　农业大学.

丁访军，周华，吴鹏，等，2020. 贵州省森林生态连清监测网络构建与生态系统服务功能评估
　　[M]. 北京：中国林业出版社.

董明海，2008. 黑叶猴：麻阳河谷的精灵 [J]. 森林与人类（12）：46-53.

房瑶瑶，王兵，牛香，2016. 4 树种叶片表面颗粒物洗脱特征与其微观形态的关系 [J]. 西北农
　　林科技大学学报，44（8）：119-126.

管益平，2015. 乌江彭水水库分期汛限水位探究 [J]. 人民长江，46（17）：24-27.

郭慧，2014. 森林生态系统长期定位观测台站布局体系研究 [D]. 北京：中国林业科学研究院.

国家林业局，2015. 退耕还林工程生态效益监测国家报告 [M]. 北京：中国林业出版社.

国家林业局，2016a. 退耕还林工程生态效益监测国家报告 [M]. 北京：中国林业出版社.

韩家亮，2021. 麻阳河自然保护区黑叶猴空间利用模式及生境适宜性评价研究 [D]. 呼和浩特：
　　内蒙古农业大学.

胡涛，高艳妮，李延风，等，2019. 基于能值的陆域受威胁和濒危物种价值估算——以福建
　　省厦门市为例 [J]. 生态学报，39（13）：4985-4995.

李付杰，孙倩莹，王世曦，等，2020. 2000—2015 年三江源区生态系统服务评估 [J]. 环境工
　　程技术学报，10（5）：786-797.

刘耕源，刘畅，杨青，2021. 基于能值的海洋生态系统服务核算方法构建及应用 [J]. 资源与
　　产业，23（1）：20-34.

罗杨，2007. 贵州麻阳河国家级自然保护区管理有效性研究 [D]. 哈尔滨：东北林业大学.

罗杨，2002. 贵州沿河麻阳河自然保护区黑叶猴行为研究 [D]. 哈尔滨：东北林业大学.

牛克锋，肖志，王彬，等，2016. 中国麻阳河国家级自然保护区黑叶猴种群数量估计与分布 [J]. 动物学杂志，51（6）：925-938.

牛香，王兵，2012. 基于分布式测算方法的福建省森林生态系统服务功能评估 [J]. 中国水土保持科学，10（2）：36-43.

牛香，胡天华，王兵，等，2017. 宁夏贺兰山国家级自然保护区森林生态系统服务功能 [M]. 北京：中国林业出版社.

牛香，2012. 森林生态效益分布式测算及其定量化补偿研究——以广东和辽宁省为例 [D]. 北京：北京林业大学.

潘红星，2013. 麻阳河黑叶猴（*Trachypithecus francoisi*）日活动节律和活动时间分配 [D]. 昆明：西南林业大学.

师贺雄，王兵，牛香，2016. 城市森林生态系统滞纳空气颗粒物功能向生态系统服务的转化率 [J]. 应用与环境生物学报，22（6）：1069-1073.

宋庆丰，王雪松，王晓燕，等，2015. 基于生物量的森林生态服务修正系数的应用——以辽宁省退耕还林工程为例 [J]. 中国水土保持科学，13（3）：111-116.

苏志尧，1999. 植物特有现象的量化 [J]. 华南农业大学学报，20（1）：92-96.

孙传亮，兰安军，向刚，等，2013. 黑叶猴自然保护区生境对彭水水库蓄水响应的遥感监测分析 [J]. 贵州农业科学，41（4）：156-160+235.

孙玉军，2007. 资源环境监测与评价 [M]. 北京：高等教育出版社.

田茂昌，2011. 全球最大的黑叶猴种群分布地：麻阳河国家级自然保护区 [J]. 铜仁学院学报，13（6）：145.

王爱龙，黄恒连，冯汝君，2010. 石山精灵黑叶猴 [J]. 森林与人类（12）：138-143.

王兵，崔向慧，杨锋伟，2004. 中国森林生态系统定位研究网络的建设与发展 [J]. 生态学杂志（4）：84-91.

王兵，丁访军，2012. 森林生态系统长期定位研究标准体系 [M]. 北京：中国林业出版社.

王兵，李少宁，2006. 数字化森林生态站构建技术研究 [J]. 林业科学，42（1）：116-121.

王兵，鲁绍伟，尤文忠，等，2010. 辽宁省森林生态系统服务价值评估 [J]. 应用生态学报，21（7）：1792-1798.

王兵，鲁绍伟，2009. 中国经济林生态系统服务价值评估 [J]. 应用生态学报，20（2）：417-425.

王兵，牛香，宋庆丰，2020. 中国森林生态系统服务评估及其价值化实现路径设计 [J]. 环境保护，48（14）：28-36.

王兵，魏江生，胡文，2009. 贵州省黔东南州森林生态系统服务功能评估 [J]. 贵州大学学报：自然科学版，26（5）：42-47，52.

王兵，魏江生，俞社保，等，2013. 广西壮族自治区森林生态系统服务功能研究 [J]. 广西植物，33（1）：46-51+117.

王兵，魏江生，胡文，2011b. 中国灌木林—经济林—竹林的生态系统服务功能评估 [J]. 生态学报，31（7）：1936-1945.

王兵，张维康，牛香，2016. 北京 10 个常绿树种颗粒物吸附能力研究 [J]. 环境科学，36（2）：408-412.

王兵，郑秋红，郭浩，2008. 基于 Shannon-Wiener 指数的中国森林物种多样性保育价值评估方法 [J]. 林业科学研究，21（2）：268-274.

王兵，2015. 森林生态连清技术体系构建与应用 [J]. 北京林业大学学报，1（37）：2-3.

王庚辰，2000. 气象和大气环境要素观测与分析 [M]. 北京：中国标准出版社 .

王红亚，2007. 水文概论 [M]. 北京：北京大学出版社 .

王晶，白清俊，2020. 黄土高原生态系统服务价值研究探析 [J]. 西部大开发（土地开发工程研究），5（2）：63-67+72.

王双玲，2008. 贵州麻阳河自然保护区黑叶猴家域和生境特征研究 [D]. 北京：北京林业大学 .

吴安康，2019. 麻阳河生态亮点与生态扶贫 [J]. 人与生物圈（4）：30-31.

武金翠，周军，张宇，等，2020. 毛竹林固碳增汇价值的动态变化：以福建省为例 [J]. 林业科学，56（4）：181-187.

旬光前，魏鲁明，谢双喜，等，2017. 贵州麻阳河国家自然保护区生物多样性研究 [M]. 贵阳：贵州科技出版社 .

杨婷，张代青，沈春颖，等，2023. 基于能值分析的流域生态系统服务功能价值评估——以东江流域为例 [J]. 水生态学杂志，44（1）：9-15.

于贵瑞，张雷明，孙晓敏，等，2005. 亚洲区域陆地生态系统碳通量观测研究进展 [J]. 中国科学（D 辑：地球科学），34（A02）：15-29.

张维康，王兵，牛香，2016. 北京市常见树种叶片吸滞颗粒物能力时间动态研究 [J]. 环境科学学报，36（10）：3840-3848.

张雪原，张晓明，曹琳，等，2022. 水生态产品的产业化价值实现路径与模式研究——以九江市芳兰湖片区为例 [J]. 中国国土资源经济，35（7）：27-35+89.

张永利，杨锋伟，王兵，等，2010. 中国森林生态系统服务功能研究 [M]. 北京：科学出版社 .

刘博，张宇清，吴斌等，2015. 我国荒漠生态系统动物物种多样性保护价值估算 [J]. 中国水土保持科学，13（2）：92-98.

郑秋红，2009. 基于生态地理区划的中国森林生态系统典型抽样布局体系 [D]. 北京：中国林业科学研究院 .

Ali A A, Xu C, Rogers A, et al, 2015. Global-scale environmental control of plant photosynthetic

capacity[J]. Ecological Applications, 25 (8): 2349-2365.

Bellassen V, Viovy N, Luyssaert S, et al, 2011. Reconstruction and attribution of the carbon sink of European forests between 1950 and 2000[J]. Global Change Biology, 17 (11): 3274-3292.

Brown S, LugoA E, 1984. Biomass of tropical forests: a new estimate based on forest volumes[J]. Science, 223: 1290-1293.

Calzadilla P I, Signorelli S, Escaray F J, et al, 2016. Photosynthetic responses mediate the adaptation of two Lotusjaponicus ecotypes to low temperature[J]. Plant Science, 250: 59-68.

Carroll C, Halpin M, Burger P, et al, 1997. The effect of crop type, crop rotation, and tillage practice on runoff and soil loss on a Vertisol in central Queensland[J]. Australian Journal of Soil Research, 35 (4): 925-939.

Costanza R, D Arge R, Groot R., et al, 1997. The value of the world's ecosystem services and natural capital[J]. Nature, 387 (15): 253-260.

Daily G C, et al., 1997. Nature's services: Societal dependence on natural ecosystems[M]. Washington DC: Island Press.

Dan Wang, Bing Wang, Xiang Niu, 2013. Forest carbon sequestration in China and its development[J]. China E-Publishing, 4: 84-91.

Fang J Y, Chen A P, Peng C H, et al, 2001. Changes in forest biomass carbon storage in China between 1949 and 1998[J]. Science, 292: 2320-2322.

Fang J Y, Wang G G, Liu G H, et al, 1998. Forest biomass of China: An estimate based on the biomass volume relationship[J]. Ecological Applications, 8 (4): 1084-1091.

Feng Ling, Cheng Shengkui, Su Hua, et al, 2008. A theoretical model for assessing the sustainability of ecosystem services[J]. Ecological Economy, 4: 258-265.

Gilley J E, Risse L M, 2000. Run off and soil loss as affected by the application of manure[J]. Transactions of the American Society of Agricultural Engineers, 43 (6): 1583-1588.

Gower S T, Mc Murtrie R E, Murty D, 1996. Above ground net primary production decline with stand age: potential causes[J]. Trends in Ecology and Evolution, 11 (9): 378-382.

He Nianpeng, Wen Ding, Zhu Jianxing, et al, 2017. Vegetation carbon sequestration in Chinese forests from 2010 to 2050[J]. Global change biology, 23 (4).

Houghton JT, Ding Y, Griggs D J, et al, 2001. Climate change 2001: The scientific basis[M]. The Press Syndicate of the University of Cambridge.

H. T. Odum, 1987. Living with Complexity. In: Crafoord Prize in the Biosciences, Crafoord Lectures, Royal Swedish Academy of Science[J]. Stockhoml, 19-85.

H. T. Odum, 1996. Environmental accounting-emergy and environmental decision making[M].

Wiley Inter science, NewYork, 10-368.

Lenoir J, Gegout J C, Marquet P A, et al, 2008. A significant upward shift in plant species optimum elevation during the 20th century[J]. Science, 320：1768-1771.

Lindenmayer D B, Likens G E, 2010. The science and application of ecological monitoring[J]. Biological Conservation, 143（6）：1317-1328.

MA（Millennium Ecosystem Assessment）, 2005. Ecosystem and Human Well-Being：Synthesis[M]. Washington DC：Island Press.

Murty D, McMurtrie R E, 2000. The decline of forest productivity as stands age：A model-based method foranalysing causes for the decline[J]. Ecological modelling, 134（2）：185-205.

Nikolaev A N, Fedorov P P, Desyatkin A R, 2011. Effect of hydrothermal conditions of permafrost soil on radial growth of larch and pine in Central Yakutia[J]. Contemporary Problems of Ecology, 4（2）：140-149.

Nishizono T, 2010. Effects of thinning level and site productivity on age-related changes in stand volume growthcan be explained by a single rescaled growth curve[J]. Forest ecology and management, 259（12）：2276-2291.

Niu X, Wang B, 2014. Assessment of forest ecosystem services in China：A methodology[J]. Journal of Food, Agriculture & Environment, 11（3&4）：2249-2254.

Niu X, Wang B, Liu S R, 2012. Economical assessment of forest ecosystem services in China：Characteristics and Implications[J]. Ecological Complexity, 11：1-11.

Niu X, Wang B, Wei W J, 2013. Chinese forest ecosystem research network：A platform for observing and studying sustainable forestry[J]. Journal of Food, Agriculture & Environment. 11（2）：1008-1016.

Niu X, Wang B, Wei W J, et al, 2017. Roles of ecosystems in greenhouse gas emission and haze reduction in China[J]. Pol. J. Environ. Stud, 26（3）：955-959.

Nowak D J, Hirabayashi S, Bodine, A, et al., 2013. Modeled PM2.5 removal by trees in ten US cities and associated health effects[J]. Environmental Pollution, 178：395-402.

Palmer M A, Morse J, Bernhardt E, et al, 2004. Ecology for a crowed planet[J]. Science, 304：1251-1252.

Post W M, Emanuel W R, Zinke P J, et al, 1982. Soil carbon pools and world life zones[J]. Nature, 298：156-159.

Smith N G, Dukes J S, 2013. Plant respiration and photosynthesis in global scale models：incorporating acclimation to temperature and CO_2[J]. Global Change Biology, 19（1）：45-63.

Song C, Woodcock C E, 2003. Monitoring forest succession with multitemporal Landsat images：

Factors of uncertainty[J]. IEEE Transactions on Geoscience and Remote Sensing, 41 (11): 2557-2567.

Song Qingfeng, Wang Bing, Wang Jinsong, et al, 2016. Endangered and endemic species increase forest conservation values of species diversity based on the Shannon-Wiener index[J]. iForest Biogeosciences and Forestry, doi: 10. 3832/ifor1373-008.

Sutherland W J, Armstrong-Brown S, Armsworth P R, et al, 2006. The identification of 100 ecological questions of high policy relevance in the UK[J]. Journal of Applied Ecology, 43: 617-627.

Sutherland W J, Armstrong B S, Armsworth P R, et al, 2006. The identification of 100 ecological questions of high policy relevance in the UK[J]. Journal of Applied Ecology, 43: 617-627.

Tekiehaimanot Z, 1991. Rainfall interception and boundary conductance in relation to trees pacing[J]. Jhydrol, 123: 261-278.

Wang B, Ren X X, Hu W, 2011. Assessment of forest ecosystem services value in China[J]. Scientia Silvae Sinicae, 47 (2): 145-153.

Wang B, Wang D, Niu X, 2013a. Past, present and future forest resources in China and the implications for carbon sequestration dynamics[J]. Journal of Food, Agriculture & Environment, 11 (1): 801-806.

Wang B, Wei W J, Liu C J, et al, 2013b. Biomass and carbon stock in Moso Bamboo forests in subtropical China: Characteristics and implications[J]. Journal of Tropical Forest Science, 25 (1): 137-148.

Wang B, Wei W J, Xing Z K, et al, 2012. Biomass carbon pools of cunninghamia lanceolata (Lamb.) Hook. Forests in Subtropical China: Characteristics and Potential[J]. Scandinavian Journal of Forest Research: 1-16

Wang R, Sun Q, Wang Y, et al, 2017. Temperature sensitivity of soil respiration: Synthetic effects of nitrogen and phosphorus fertilization on Chinese Loess Plateau[J]. Science of The Total Environment, 574: 1665-1673.

Wenzhong You, Wenjun Wei, Huidong Zhang, 2012. Temporal patterns of soil CO_2 efflux in a temperate Korean Larch (Larix olgensis Herry.) plantation, Northeast China[J]. Trees, DOI10.1007/s00468-013-0889-6.

Woodall C W, Morin R S, Steinman J R, et al., 2010. Comparing evaluations of forest health based on aerial surveys and field inventories: Oak forests in the Northern United States[J]. Ecological Indicators, 10 (3): 713-718.

Xue P P, Wang B, Niu X, 2013. A simplified method for assessing forest health, with application to Chinese Fir Plantat ions in Dagang Mountain, Jiangxi, China[J]. Journal of Food,

Agriculture & Environment. 11（2）：1232-1238.

Zhang B，Wenhua L，Gaodi X，et al，2010. Water conservation of forest ecosystem in Beijing and its value[J]. Ecological Economics，69（7）：1416-1426.

Zhang W K，Wang B，Niu X，2015. Study on the adsorption capacities for airborne particulates of landscape plants in different polluted regions in Beijing（China）[J]. International Journal of Environmental Research and Public Health，12（8）：9623-9638.

Richards K R，Stokes C，2004. A review of forest carbon sequestration cost studies：a dozen years of research[J]. Climatic Change，63（1-2）：1-48.

附件一

基于全口径碳汇监测的中国森林碳中和能力分析

王兵　牛香　宋庆丰

碳中和已成为网络高频热词，百度搜索结果约 1 亿次！与其密切相关的森林碳汇也成为热词，搜索结果超过 1200 万次。最近的两组数据显示，我国森林面积和森林蓄积量持续增长将有效助力实现碳中和目标。第一组数据：2020 年 10 月 28 日，国际知名学术期刊《自然》发表的多国科学家最新研究成果显示，2010—2016 年我国陆地生态系统年均吸收约 11.1 亿吨碳，吸收了同时期人为碳排放量的 45%。该数据表明，此前中国陆地生态系统碳汇能力被严重低估；第二组数据：2021 年 3 月 12 日，国家林业和草原局新闻发布会介绍，我国森林资源中幼龄林面积占森林面积的 60.94%。中幼龄林处于高生长阶段，伴随森林质量不断提升，其具有较高的固碳速率和较大的碳汇增长潜力，这对我国碳达峰、碳中和具有重要作用。

我国森林生态系统碳汇能力之所以被低估，主要原因是碳汇方法学存在缺陷，即推算森林碳汇量采用的材积源生物量法是通过森林蓄积量增量进行计算的，而一些森林碳汇资源并未被统计其中。因此，本文将从森林碳汇资源和森林全口径碳汇入手，分析 40 年来中国森林全口径碳汇的变化趋势和累积成效，进一步明确林业在实现碳达峰与碳中和过程中的重要作用。

森林全口径碳汇的提出

在了解陆地生态系统特别是森林对实现碳中和的作用之前，需要明确两个概念，即森林碳汇与林业碳汇。森林碳汇是森林植被通过光合作用固定二氧化碳，将大气中的二氧化碳捕获、封存、固定在木质生物量中，从而减少空气中二氧化碳浓度。林业碳汇是通过造林、再造林或者提升森林经营技术增加的森林碳汇，可以进行交易。

目前推算森林碳汇量采用的材积源生物量法存在明显的缺陷，导致我国森林碳汇能力被低估。其缺陷主要体现在以下三方面。

其一，森林蓄积量没有统计特灌林和竹林，只体现了乔木林的蓄积量，而仅通过乔木林的蓄积量增量来推算森林碳汇量，忽略了特灌林和竹林的碳汇功能。表 1 为历次全国森林资源清查期间我国有林地及其分量（乔木林、经济林和竹林）面积的统计数据。我国有林地面积近 40 年增长了 10292.31 万公顷，增长幅度为 89.28%。有林地面积的增长主要来源于造林。

表1　历次全国森林资源清查期间全国有林地面积

万公顷

清查期	年份	有林地			
		合计	乔木林	经济林	竹林
第二次	1977—1981年	11527.74	10068.35	1128.04	331.35
第三次	1984—1988年	12465.28	10724.88	1374.38	366.02
第四次	1989—1993年	13370.35	11370.00	1609.88	390.47
第五次	1994—1998年	15894.09	13435.57	2022.21	436.31
第六次	1999—2003年	16901.93	14278.67	2139.00	484.26
第七次	2004—2008年	18138.09	15558.99	2041.00	538.10
第八次	2009—2013年	19117.50	16460.35	2056.52	600.63
第九次	2014—2018年	21820.05	17988.85	3190.04	641.16

图1显示了历次全国森林资源清查期间的全国造林面积，造林面积均保持在2000万公顷/5年之上。Chen等的研究也证明了造林是我国增绿量居于世界前列的最主要原因。竹林是森林资源中固碳能力最强的植物，在固碳机制上，属于碳四（C4）植物，而乔木林属于碳三（C3）植物。虽然没有灌木林蓄积量的统计数据，但我国特灌林面积广袤，也具有显著的碳中和能力。近40年来，我国竹林面积处于持续的增长趋势，增长量为309.81万公顷，增长幅度为93.49%；灌木林地（特灌林＋非特灌林灌木林）面积亦处于不断增长的过程中，近40年其面积增长了5倍（图2）。

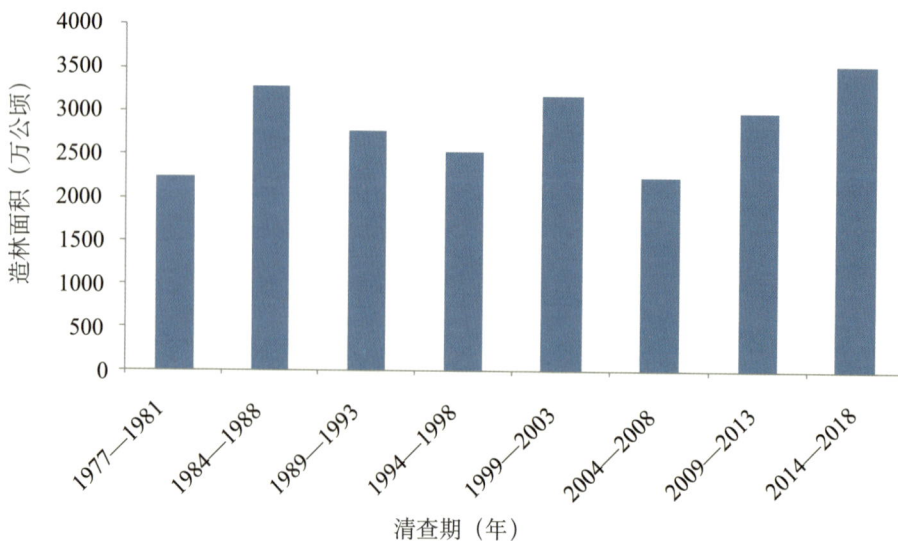

图1　历次全国森林资源清查期间全国造林地面积

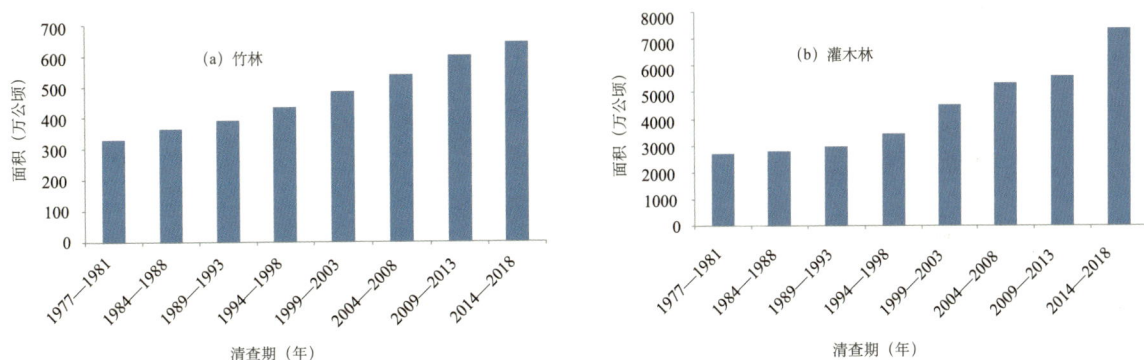

图 2　近 40 年我国竹林和灌木林面积变化

第九次全国森林资源清查结果显示，我国竹林面积 641.16 万公顷、特灌林面积 3192.04 万公顷。竹林是世界公认的生长最快的植物之一，具有爆发式可再生生长特性，蕴含着巨大的碳汇潜力，是林业应对气候变化不可或缺的重要战略资源。研究表明，毛竹年固碳量为 5.09 吨 / 公顷，是杉木林的 1.46 倍，是热带雨林的 1.33 倍，同时每年还有大量的竹林碳转移到竹材产品碳库中长期保存。灌木是森林和灌丛生态系统的重要组成部分，地上枝条再生能力强，地下根系庞大，具有耐寒、耐热、耐贫瘠、易繁殖、生长快的生物学特性。尤其是在干旱、半干旱地区，生长灌木林的区域是重要的生态系统碳库，对减少大气中二氧化碳含量具有重要作用。

其二，疏林地、未成林造林地、非特灌林灌木林、苗圃地、荒山灌丛、城区和乡村绿化散生林木也没在森林蓄积量的统计范围之内，它们的碳汇能力也被忽略了。图 3 展示了我国近 40 年来疏林地、未成林造林地和苗圃地面积的变化趋势。第九次全国森林资源清查结果显示，我国疏林地面积为 342.18 万公顷、未成林造林地面积为 699.14 万公顷、非特灌林灌木林面积为 1869.66 万公顷、苗圃地面积为 71.98 万公顷、城区和乡村绿化散生林木株数为 109.19 亿株（因散生林木具有较高的固碳速率，可以相当于 2000 万公顷森林资源的碳中和能力）。疏林地是指附着有乔木树种，郁闭度在 0.1 ~ 0.19 的林地，可以有效增加森林资源、扩大森林面积、改善生态环境的。其郁闭度过低的特点，恰恰说明其活立木种间和种内竞争比较微弱，而其生长速度较快的事实，又体现了其较强的碳汇能力。未成林造林地是指人工造林后，苗木分布均匀，尚未郁闭但有成林希望或补植后有成林希望的林地，是提升森林覆盖率的重要潜力资源之一，其处于造林的初始阶段，也是林木生长的高峰期，碳汇能力较强。苗圃地是繁殖和培育苗木的基地，由于其种植密度较大，碳密度必然较高。有研究表明，苗圃地碳密度明显高于未成林造林地和四旁树，其固碳能力不容忽视。城区和乡村绿化散生林木几乎不存在生长限制因子，生长速度更接近于生产力的极限，也意味着其固碳能力十分强大。

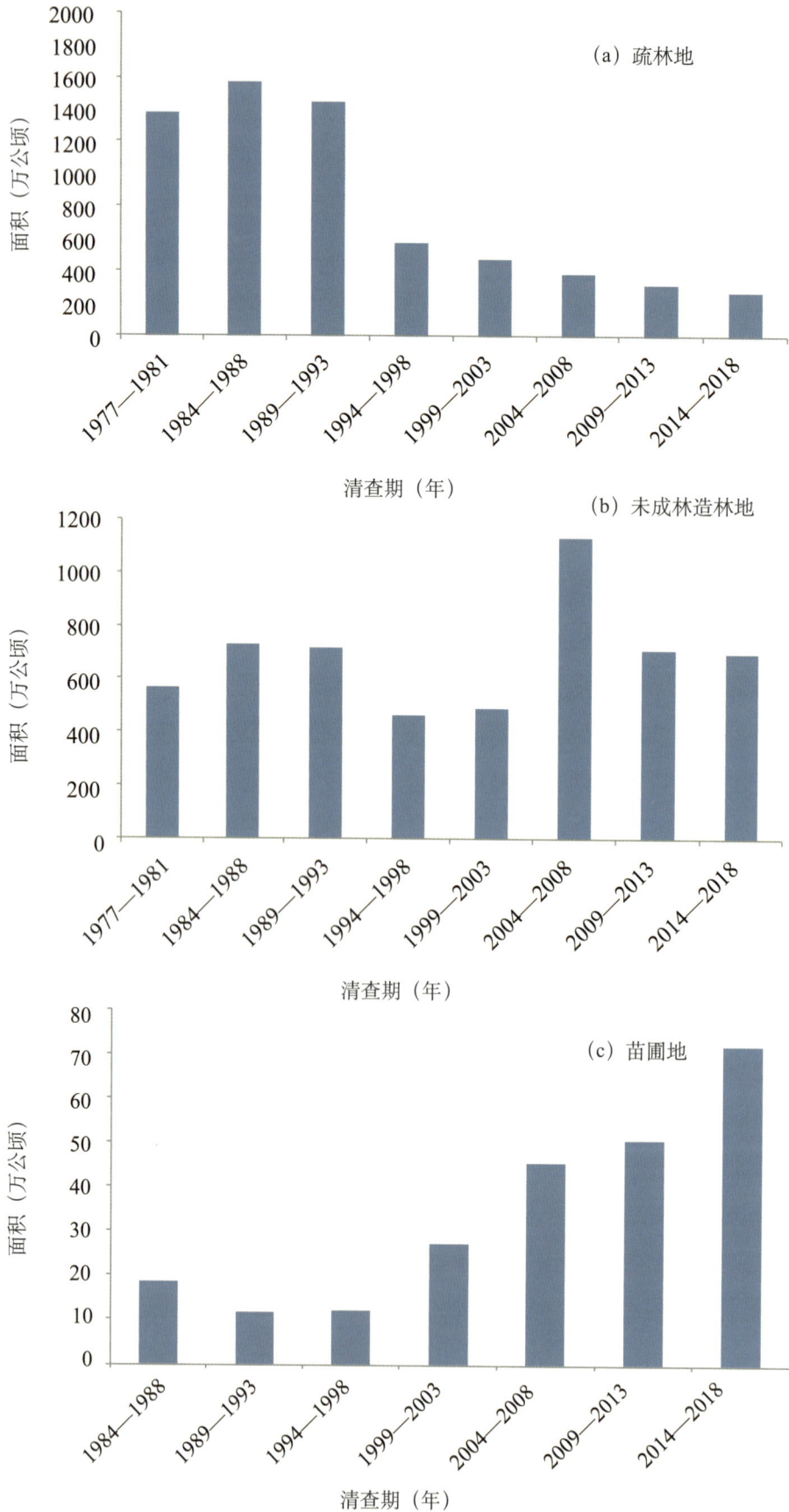

图3　近40年我国疏林地、未成林造林地、苗圃地面积变化

其三，森林土壤碳库是全球土壤碳库的重要组成部分，也是森林生态系统中最大的碳库。森林土壤碳含量占全球土壤碳含量的 73%，森林土壤碳含量是森林生物量的 2～3 倍，它们的碳汇能力同样被忽略了。土壤中的碳最初来源于植物通过光合作用固定的二氧化碳，在形成有机质后通过根系分泌物、死根系或者枯枝落叶的形式进入土壤层，并在土壤中动物、微生物和酶的作用下，转变为土壤有机质存储在土壤中，形成土壤碳汇。但是，森林土壤年碳汇量大部分集中在表层土壤（0～20 厘米），不同深度的森林土壤在年固碳量上存在差别，表层土壤（0～20 厘米）年碳汇量约比深层土壤（20～40 厘米）高出 30%，深层土壤中的碳属于持久性封存的碳，在短时间内保持稳定的状态，且有研究表明成熟森林土壤可发挥持续的碳汇功能，土壤表层 20 厘米有机碳浓度呈上升趋势。

基于以上分析和中国森林资源核算项目一期、二期、三期研究成果，本文提出了森林碳汇资源和森林全口径碳汇新理念。森林全口径碳汇能更全面地评估我国的森林碳汇资源，避免我国森林生态系统碳汇能力被低估，同时还能彰显出我国林业在碳中和中的重要地位。森林碳汇资源为能够提供碳汇功能的森林资源，包括乔木林、竹林、特灌林、疏林地、未成林造林地、非特灌林灌木林、苗圃地、荒山灌丛、城区和乡村绿化散生林木等。森林植被全口径碳汇＝森林资源碳汇（乔木林碳汇＋竹林碳汇＋特灌林碳汇）＋疏林地碳汇＋未成林造林地碳汇＋非特灌林灌木林碳汇＋苗圃地碳汇＋荒山灌丛碳汇＋城区和乡村绿化散生林木碳汇，其中，含 2.2 亿公顷森林生态系统土壤年碳汇增量。基于第九次全国森林资源清查数据，核算出我国森林全口径碳中和量为 4.34 亿吨，其中，乔木林植被层碳汇 2.81 亿吨、森林土壤碳汇 0.51 亿吨、其他森林植被层碳汇 1.02 亿吨（非乔木林）。

当前我国森林全口径碳汇在碳中和所发挥的作用

中国森林资源核算第三期研究结果显示，我国森林全口径碳汇每年达 4.34 亿吨碳当量。其中，黑龙江、云南、广西、内蒙古和四川的森林全口径碳汇量居全国前列，占全国森林全口径碳汇量的 43.88%。

在 2021 年 1 月 9 日召开的中国森林资源核算研究项目专家咨询论证会上，中国科学院院士蒋有绪、中国工程院院士尹伟伦肯定了森林全口径碳汇这一理念，对森林生态服务价值核算的理论方法和技术体系给予高度评价。尹伟伦表示，生态价值评估方法和理论，推动了生态文明时代森林资源管理多功能利用的基础理论工作和评价指标体系的发展。蒋有绪表示，固碳功能的评估很好地证明了中国森林生态系统在碳减排方面的重要作用，希望中国森林生态系统在碳中和任务中担当重要角色。

2020 年 3 月 15 日，习近平总书记主持召开的中央财经委员会第九次会议强调，2030年前实现碳达峰，2060 年前实现碳中和，是党中央经过深思熟虑作出的重大战略决策，事关中华民族永续发展和构建人类命运共同体。如果按照全国森林全口径碳汇 4.34 亿吨碳当

量折合 15.91 亿吨二氧化碳量计算，森林可以起到显著的固碳作用，对于生态文明建设整体布局具有重大的推进作用。

2020 年 9 月 27 日，生态环境部举行的"积极应对气候变化"政策吹风会介绍，2019 年我国单位国内生产总值二氧化碳排放量比 2015 年和 2005 年分别下降约 18.2% 和 48.1%，2018 年森林面积和森林蓄积量分别比 2005 年增加 4509 万公顷和 51.04 亿立方米，成为同期全球森林资源增长最多的国家。通过不断努力，我国已成为全球温室气体排放增速放缓的重要力量。目前，我国人工林面积达 7954.29 万公顷，为世界上人工林面积最大的国家，其约占天然林面积的 57.36%，但单位面积蓄积生长量为天然林的 1.52 倍，这说明我国人工林在森林碳汇方面起到了非常重要的作用。另外，我国森林资源中幼龄林面积占森林面积的 60.94%，中幼龄林处于高生长阶段，具有较高的固碳速率和较大的碳汇增长潜力。由此可见，森林全口径碳汇将对我国碳达峰、碳中和起到重要作用。

40 年以来我国森林全口径碳汇的变化趋势和累积成效

近 40 年来，我国森林全口径碳汇能力不断增强。在历次森林资源清查期，我国森林生态系统全口径碳汇量分别为 1.75 亿吨 / 年（第二次：1977—1981 年）、1.99 亿吨 / 年（第三次：1984—1988 年）、2.00 亿吨 / 年（第四次：1989—1993 年）、2.64 亿吨 / 年（第五次：1994—1998 年）、3.19 亿吨 / 年（第六次：1999—2003 年）、3.59 亿吨 / 年（第七次：2004—2008 年）、4.03 亿吨 / 年（第八次：2009—2013 年）、4.34 亿吨 / 年（第九次：2014—2018 年）（图 4）。从第二次森林资源清查开始，历次清查期间森林生态系统全口径碳汇能力提升幅度

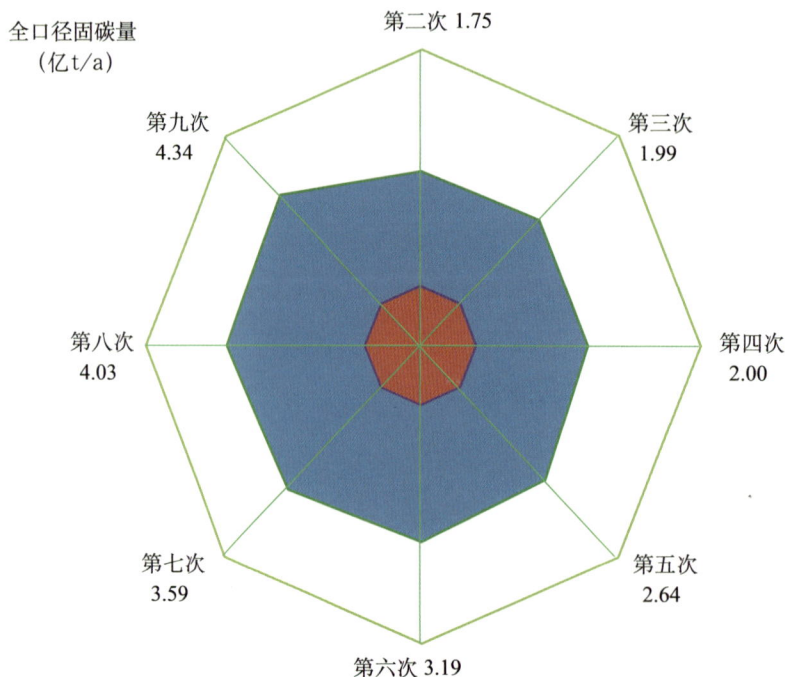

图 4　近 40 年我国森林全口径碳汇量变化

分别为 0.50%、32.00%、20.83%、12.54%、12.26%、7.69%。第九次森林资源清查期间，我国森林生态系统全口径碳汇能力较第二次森林资源清查期间增长了 2.59 亿吨 / 年，增长幅度为 148.00%。从图 4 中可以看出，乔木林、经济林、竹林和灌木林面积的增长对于我国森林全口径碳汇能力提升的作用明显，苗圃地面积和未成林造林地面积的增长对于我国森林全口径碳汇能力的作用同样重要。同时，疏林地面积处于不断减少的过程中，表明了疏林地经过科学合理的经营管理后，林地郁闭度得以提升，达到了森林郁闭度的标准，同样为我国森林全口径碳汇能力的增强贡献了物质基础。

根据以上核算结果进行统计，计算得出近 40 年我国森林生态系统全口径碳汇总量为 117.70 亿吨碳当量，合 431.57 亿吨二氧化碳。根据中国统计年鉴统计数据，1978—2018 年，我国能源消耗总量折合成消费标准煤为 726.31 亿吨，利用碳排放转换系数可知我国近 40 年工业二氧化碳排放总量为 2002.36 亿吨。经对比得出，近 40 年我国森林生态系统全口径碳汇总量约占工业二氧化碳排放总量的 21.55%，也就意味着中和了 21.55% 的工业二氧化碳排放量。

结语

森林植被全口径碳汇包括森林资源碳汇（乔木林碳汇、竹林碳汇、特灌林碳汇）、疏林地碳汇、未成林造林地碳汇、非特灌林灌木林碳汇、苗圃地碳汇、荒山灌丛碳汇和城区和乡村绿化散生林木碳汇，能够避免采用材积源生物量法推算森林碳汇量存在的明显缺陷，有利于彰显林业在碳中和中的重要作用。基于第九次全国森林资源清查数据，核算出我国森林全口径碳中和量为 4.34 亿吨，其中，乔木林植被层碳汇 2.81 亿吨、森林土壤碳汇 0.51 亿吨、其他森林植被层碳汇 1.02 亿吨（非乔木林）。

森林植被的碳汇能力对于我国实现碳中和目标尤为重要。在实现碳达峰、碳中和过程中，除了大力推动经济结构、能源结构、产业结构转型升级外，还应进一步加强以完善森林生态系统结构与功能为主线的生态系统修复和保护措施。通过完善森林经营方式，加强对疏林地和未成林造林地的管理，使其快速地达到森林认定标准（郁闭度大于 0.2）。增强以森林生态系统为主体的森林全口径碳汇功能，加强绿色减排能力，提升林业在碳达峰与碳中和过程中的贡献，打造具有中国特色的碳中和之路。

（摘自：《环境保护》2021 年 16 期）

附件二

中国森林生态系统服务评估及其价值化实现路径设计

王兵　牛香　宋庆丰

习近平总书记在《关于＜中共中央关于全面深化改革若干重大问题的决定＞的说明》中提到山水林田湖是一个生命共同体，人的命脉在田，田的命脉在水，水的命脉在山，山的命脉在土，土的命脉在树。由此可以看出，森林高居山水林田湖生命共同体的顶端，在2500年前的《贝叶经》中也把森林放在了人类生存环境的最高位置，即：有林才有水，有水才有田，有田才有粮，有粮才有人。森林生态系统是维护地球生态平衡最主要的一个生态系统，在物质循环、能量流动和信息传递方面起到了至关重要的作用。特别是森林生态系统服务发挥的"绿色水库""绿色碳库""净化环境氧吧库"和"生物多样性基因库"四个生态库功能，为经济社会的健康发展尤其是人类福祉的普惠提升提供了生态产品保障。目前，如何核算森林生态功能与其服务的转化率以及价值化实现，并为其生态产品设计出科学可行的实现路径，正是当今研究的重点和热点。本文将基于大量的森林生态系统服务评估实践，开展价值化实现路径设计研究，为"绿水青山"向"金山银山"转化提供可复制、可推广的范式。

森林生态系统服务评估技术体系

利用森林生态系统连续观测与清查体系（以下简称"森林生态连清体系"，图1），基于以中华人民共和国国家标准为主体的森林生态系统服务监测评估标准体系，获取森林资源数据和森林生态连清数据，再辅以社会公共数据进行多数据源耦合，按照分布式测算方法，开展森林生态系统服务评估。

一、森林生态连清技术体系

森林生态连清体系是以生态地理区划为单位，以国家现有森林生态站为依托，采用长期定位观测技术和分布式测算方法，定期对同一森林生态系统进行重复的全指标体系观测与清查的技术。它可以配合国家森林资源连续清查（以下简称"森林资源连清"），形成国家森林资源清查综合调查新体系，用以评价一定时期内森林生态系统的质量状况。森林生态连清体系将森林资源清查、生态参数观测调查、指标体系和价值评估方法集于一套框架中，即通

过合理布局来制定实现评估区域森林生态系统特征的代表性，又通过标准体系来规范从观测、分析、测算评估等各阶段工作。这一套体系是在耦合森林资源数据、生态连清数据和社会经济价格数据的基础上，在统一规范的框架下完成对森林生态系统服务功能的评估。

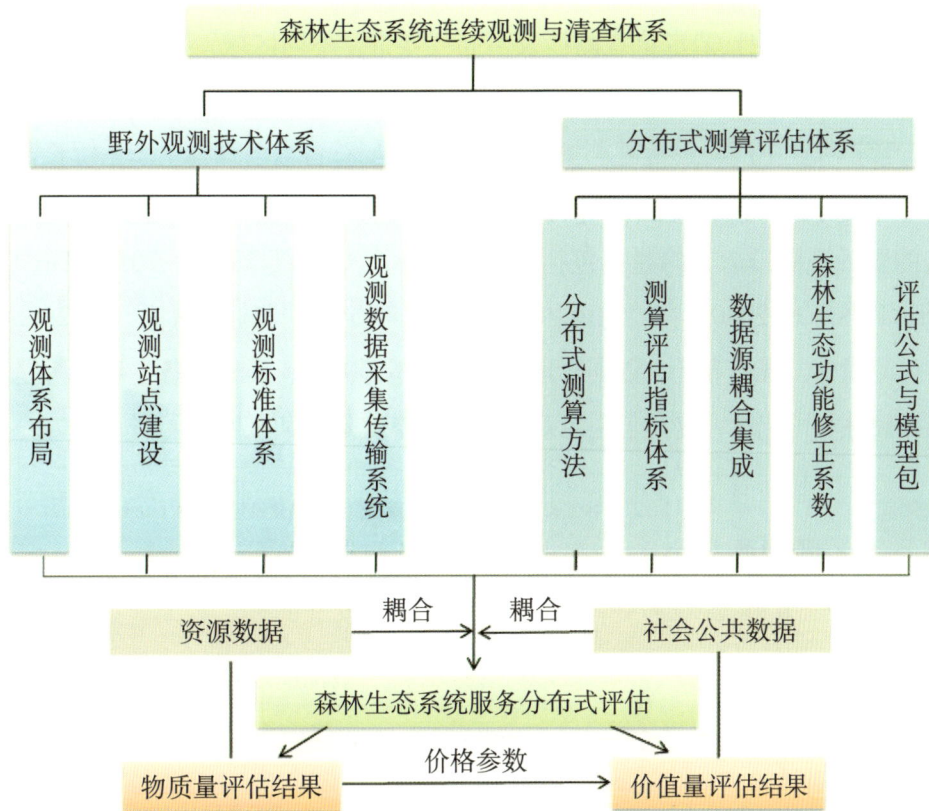

图 1　森林生态系统服务连续观测与清查体系框架

二、评估数据源的耦合集成

第一，森林资源连清数据。依据《森林资源连续清查技术规程》（GB/T 38590—2020），从森林资源自身生长、分布规律和特点出发，结合我国国情、林情和森林资源管理特点，采用抽样调查技术和以"3S"技术为核心的现代信息技术，以省份为控制总体，通过固定样地设置和定期实测的方法，以及国家林业和草原局对不同省份具体时间安排，定期对森林资源调查所涉及到的所有指标进行清查。目前，全国已经开展了 9 次全国森林资源清查。

第二，森林生态连清数据。依据《森林生态系统定位观测指标体系》（GB/T 35377—2017）和《森林生态系统长期定位观测方法》（GB/T 33027—2016），来自全国森林生态站、辅助观测点和大量固定样地的长期监测数据。森林生态站监测网络布局是以典型抽样为指导思想，以全国水热分布和森林立地情况为布局基础，辅以重点生态功能区和生物多样性优先保护区，选择具有典型性、代表性和层次性明显的区域完成森林生态网络布局。

第三，社会公共数据。社会公共数据来源于我国权威机构所公布的社会公共数据，包

括《中国水利年鉴》《中华人民共和国水利部水利建筑工程预算定额》、中国农业信息网（http://www.agri.gov.cn/）、以及《中华人民共和国环境保护税法》中的"环境保护税税目税额表"。

三、标准体系

由于森林生态系统长期定位观测涉及不同气候带、不同区域，范围广、类型多、领域多、影响因素复杂，这就要求在构建森林生态系统长期定位观测标准体系时，应综合考虑各方面因素，紧扣林业生产的最新需求和科研进展，既要符合当前森林生态系统长期定位观测研究需求，又具有良好的扩充和发展的弹性。通过长期定位观测研究经验的积累，并借鉴国内外先进的野外观测理念，构建了包括三项国家标准（GB/T 33027—2016，GB/T 35377—2017 和 GB/T 38582—2020）在内的森林生态系统长期定位观测标准体系（图2），涵盖观测站建设、观测指标、观测方法、数据管理、数据应用等方面，确保了各生态站所提供生态观测数据的准确性和可比性，提升了生态观测网络标准化建设和联网观测研究能力。

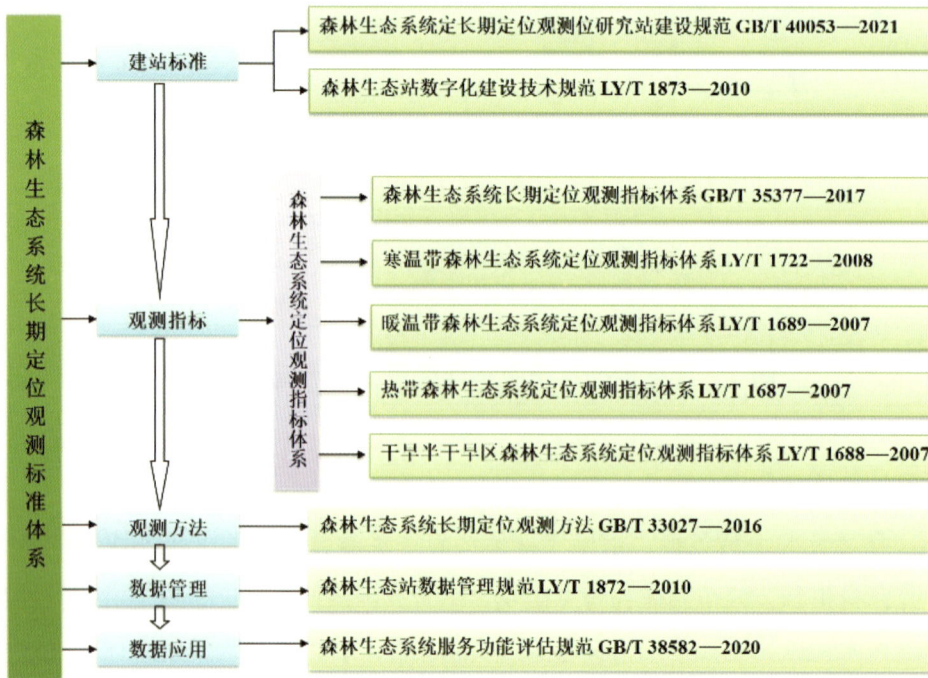

图2　森林生态系统长期定位观测标准体系

四、分布式测算方法

森林生态系统服务评估是一项非常庞大、复杂的系统工程，很适合划分成多个均质化的生态测算单元开展评估。因此，分布式测算方法是目前评估森林生态系统服务所采用的一种较为科学有效的方法，通过诸多森林生态系统服务功能评估案例也证实了分布式测算方法能够保证结果的准确性及可靠性。

分布式测算方法的具体思路如下：第一，将全国（香港、澳门、台湾除外）按照省级行

政区划分为第 1 级测算单元；第二，在每个第 1 级测算单元中按照林分类型划分成第 2 级测算单元；第三，在每个第 2 级测算单元中，再按照起源分为天然林和人工林第 3 级测算单元；第四，在每个第 3 级测算单元中，再按照林龄组划分为幼龄林、中龄林、近熟林、成熟林、过熟林第 4 级测算单元，结合不同立地条件的对比观测，最终确定若干个相对均质化的森林生态连清数据汇总单元。

基于生态系统尺度的定位实测数据，运用遥感反演、模型模拟（如 IBIS 一集成生物圈模型）等技术手段，进行由点到面的数据尺度转换。将点上实测数据转换至面上测算数据，即可得到森林生态连清汇总单元的测算数据，将以上均质化的单元数据累加的结果即为汇总结果。

多尺度多目标森林生态系统服务评估实践

一、全国尺度森林生态系统服务评估实践

在全国尺度上，以全国历次森林资源清查数据和森林生态连清数据（森林生态站、生态效益监测点以及 1 万余个固定样地的长期监测数据）为基础，利用分布式测算方法，开展了全国森林生态系统服务评估。其中，2009 年 11 月 17 日，基于第七次全国森林资源清查数据的森林生态系统服务评估结果公布，全国生态服务功能价值量为 10.01 万亿元 / 年；2014 年 10 月 22 日，原国家林业局和国家统计局联合公布了第二期（第八次森林资源清查数据）全国森林生态系统服务评估总价值量为 12.68 万亿元 / 年；最新一期（第九次森林资源清查）全国森林生态系统服务评估总价值量为 15.88 万亿元 / 年。《中国森林资源及其生态功能四十年监测与评估》研究结果表明：近 40 年间，我国森林生态功能显著增强，其中，固碳量、释氧量和吸收污染气体量实现了倍增，其他各项功能增长幅度也均在 70% 以上。

二、省域尺度森林生态系统服务评估实践

在全国选择 60 个省级及代表性地市、林区等开展森林生态系统服务评估实践，评估结果以"中国森林生态系统连续观测与清查及绿色核算"系列丛书的形式向社会公布。该丛书包括了我国省级及以下尺度的森林生态连清及价值评估的重要成果，展示了森林生态连清在我国的发展过程及其应用案例，加快了森林生态连清的推广和普及，使人们更加深入地了解了森林生态连清体系在当代生态文明中的重要作用，并把"绿水青山价值多少金山银山"这本账算得清清楚楚。

省级尺度上，如安徽卷研究结果显示，安徽省森林生态系统服务总价值为 4804.79 亿元 / 年，相当于 2012 年安徽省 GDP（20849 亿元）的 23.05%，每公顷森林提供的价值平均为 9.60 万元 / 年。代表性地市尺度上，如在呼伦贝尔国际绿色发展大会上公布的 2014 年呼伦贝尔市森林生态系统服务功能总价值量为 6870.46 亿元，相当于该市当年 GDP 的 4.51 倍。

三、林业生态工程监测评估国家报告

基于森林生态连清体系，开展了我国林业重大生态工程生态效益的监测评估工作，包括：退耕还林（草）工程和天然林资源保护工程。退耕还林（草）工程共开展了5期监测评估工作，分别针对退耕还林6个重点监测省份、长江和黄河流域中上游退耕还林工程、北方沙化土地的退耕还林工程、退耕还林工程全国实施范围、集中连片特困地区退耕还林工程开展了工程生态效益、社会效益和经济效益的祸合评估。针对天然林资源保护工程，分别在东北、内蒙古重点国有林区和黄河流域上中游地区开展了2期天然林资源保护工程效益监测评估工作。

森林生态系统服务价值化实现路径设计

生态产品价值实现的实质就是生态产品的使用价值转化为交换价值的过程，张林波等在国内外生态文明建设实践调研的基础上，从生态产品使用价值的交换主体、交换载体、交换机制等角度，归纳形成8大类和22小类生态产品价值实现的实践模式或路径。结合森林生态系统服务评估实践，我们将9项功能类别与8大类实现路径建立了功能与服务转化率高低和价值化实现路径可行性的大小关系（图3）。生态系统服务价值化实现路径可分为就地实现和迁地实现。就地实现为在生态系统服务产生区域内完成价值化实现，例如，固碳释氧、净化大气环境等生态功能价值化实现；迁地实现为在生态系统服务产生区域之外完成价值化实现，例如，大江大河上游森林生态系统涵养水源功能的价值化实现需要在中、下中游予以体现。基于建立的功能与服务转化率高低和价值化实现路径可行性的大小关系，以具体研究案例进行生态系统服务价值化实现路径设计，具体研究内容如下：

一、森林生态效益精准量化补偿实现路径

森林生态效益科学量化补偿是基于人类发展指数的多功能定量化补偿，结合了森林生态系统服务和人类福祉的其他相关关系，并符合不同行政单元财政支付能力的一种对森林生态系统服务提供者给予的奖励。探索开展生态产品价值计量，推动横向生态补偿逐步由单一生态要素向多生态要素转变，丰富生态补偿方式，加快探索"绿水青山就是金山银山"的多种现实转化路径。

例如，内蒙古大兴安岭林区森林生态系统服务功能评估，利用人类发展指数，从森林生态效益多功能定量化补偿方面进行了研究，计算得出森林生态效益定量化补偿系数、财政相对能力补偿指数、补偿总量及补偿额度。结果表明：森林生态效益多功能生态效益补偿额度为15.52元/（亩·年），为政策性补偿额度（平均每年每亩5元）的3倍。由于不同优势树种（组）的生态系统服务存在差异，在生态效益补偿上也应体现出差别，经计算得出：主要优势树种（组）生态效益补偿分配系数介于0.07%～46.10%，补偿额度最高的为枫桦303.53元/公顷，其次为其他硬阔类299.94元/公顷。

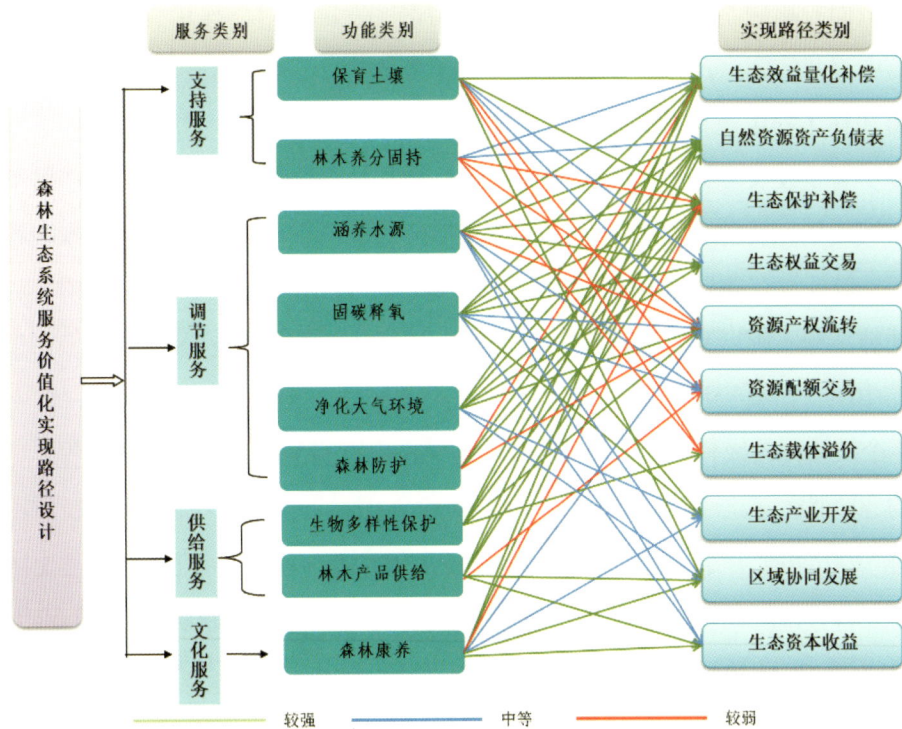

图3　森林生态系统服务价值化实现路径设计

注：不同颜色代表了功能与服务转化率的高低和价值化实现路径可行性的大小。

二、自然资源资产负债表编制实现路径

目前，我国正大力推进的自然资源资产负债表编制工作，这是政府对资源节约利用和生态环境保护的重要决策。根据国内外研究成果，自然资源资产负债表包括3个账户，分别为一般资产账户、森林资源资产账户和森林生态系统服务账户。

例如，内蒙古自治区在探索编制负债表的进程中，先行先试，率先突破，探索出了编制森林资源资产负债表的可贵路径，使国家建立这项制度、科学评价领导干部任期内的生态政绩和问责成为了可能。内蒙古自治区为客观反映森林资源资产的变化，编制负债表时以翁牛特旗高家梁乡、桥头镇和亿合公镇3个林场为试点创新性地分别设立了3个账户，即一般资产账户、森林资源资产账户和森林生态系统服务账户，还创新了财务管理系统管理森林资源，使资产、负债和所有者权益的恒等关系一目了然。3个林场的自然资源价值量分别为：5.4亿元、4.9亿元和4.3亿元，其中，3个试点林场生态服务服务总价值为11.2亿元，林地和林木的总价值为3.4亿元。

三、退耕还林工程生态环境保护补偿与生态载体溢价价值化实现路径

退耕还林工程就是从保护生态环境出发，将水土流失严重的耕地，沙化、盐碱化、石漠化严重的耕地以及粮食产量低而不稳的耕地，有计划、有步骤地停止耕种，因地制宜地造林种草，恢复植被。集中连片特困区的退耕还林工程既是生态修复的"主战场"，也是国家扶贫攻坚的"主战场"。退耕还林作为"生态扶贫"的重要内容和林业扶贫"四个精准"举

措之一，在全面打赢脱贫攻坚战中承担了重要职责，发挥了重要作用。经评估得出：退耕还林工程在集中连片特困区产生了明显的社会和经济效益。

1. 退耕还林工程生态保护补偿价值化实现路径

生态保护补偿狭义上是指政府或相关组织机构从社会公共利益出发向生产供给公共性生态产品的区域或生态资源产权人支付的生态保护劳动价值或限制发展机会成本的行为，是公共性生态产品最基本、最基础的经济价值实现手段。

退耕还林工程实施以来，退耕农户从政策补助中户均直接收益 9800 多元，占退耕农民人均纯收人的 10%，宁夏一些县级行政区达到了 45% 以上。截至 2017 年年底，集中连片特困地区的 341 个被监测县级行政区共有 1108.31 万个农户家庭参与了退耕还林工程，占这些地方农户总数的 30.54%，农户参与数分别为 1998 年和 2007 年的 369 倍和 2.50 倍，所占比重分别比 1998 年和 2007 年上升了 23.32 个百分点和 14.42 个百分点。黄河流域的六盘山区和吕梁山区属于集中连片特困地区，参与退耕还林工程的农户数分别为 16.69 万户和 31.50 万户，参与率分别为 20.92% 和 38.16%。通过政策性补助的方式，提升了参与农户的收人水平。

2. 退耕还林工程生态产品溢价价值化实现路径

一是以林脱贫的长效机制开始建立。新一轮退耕还林工程不限定生态林和经济林比例，农户根据自己意愿选择树种，这有利于实现生态建设与产业建设协调发展，生态扶贫和精准扶贫齐头并进，以增绿促增收，奠定了农民以林脱贫的资源基础。据监测结果显示，样本户的退耕林木有六成以上已成林，且 90% 以上长势良好，三成以上的农户退耕地上有收人。甘肃省康县平洛镇瓦舍村是建档立卡贫困村，2005 年通过退耕还林种植 530 亩核桃，现在每株可挂果 8 千克，每亩收人可达 2000 元，贫困户人均增收 2200 元。

二是实现了绿岗就业。首先，实现了农民以林就业，2017 年样本县农民在退耕林地上的林业就业率为 8.01，比 2013 年增加了 2.26 个百分点。自 2016 年开始，中央财政安排 20 亿元购买生态服务，聘用建档立卡贫困群众为生态护林员。一些地方政府把退耕还林工程与生态护林员政策相结合，通过购买劳务的方式，将一批符合条件的贫困退耕人口转化为生态护林员，并积极开发公益岗位，促进退耕农民就业。

三是培育了地区新的经济增长点。第一，林下经济快速发展。2017 年，集中连片特困地区监测县在退耕地上发展的林下种植和林下养殖产值分别达到 434.3 亿元和 690.1 亿元，分别比 2007 年增加了 3.37 倍和 5.36 倍。宁夏回族自治区彭阳县借助退耕还林工程建设，大力发展林下生态鸡，探索出"合作社＋农户＋基地"的模式，建立产销一条龙的机制，直接经济收人达到了 4000 万元。第二，中药材和干鲜果品发展成绩突出。2017 年，集中连片特困地区监测县在退耕地上种植的中药材和干鲜果品的产量分别为 34.4 万吨和 225.2 万吨，与 2007 年相比，在退耕地上发展的中药材增长了 5.97 倍，干鲜果品增长了 5.54 倍。第三，森林旅游迅猛发展。2017 年集中连片特困地区监测县的森林旅游人次达到了 4.8 亿人次，收

人达到了 3471 亿元，是 2007 年的 4 倍、1998 年的 54 倍。

四、绿色水库功能区域协同发展价值化实现路径

区域协同发展是指公共性生态产品的受益区域与供给区域之间通过经济、社会或科技等方面合作实现生态产品价值的模式，是有效实现重点生态功能区主体功能定位的重要模式，是发挥中国特色社会主义制度优势的发力点。

潮白河发源于河北省承德市丰宁县和张家口市沽源县，经密云水库的泄水分两股进人潮白河系，一股供天津生活用水；一股流人北京市区，是北京重要水源之一。根据《北京市水资源公报（2015）》，北京市 2015 年对潮白河的截流量为 2.21 亿立方米，占北京当年用水量（38.2 亿立方米）的 5.79%。同年，张承地区潮白河流域森林涵养水源的"绿色水库功能"为 5.28 亿立方米，北京市实际利用潮白河流域森林涵养水源量占其"绿色水库功能"的 41.83%0

滦河发源地位于燕山山脉的西北部，向西北流经沽源县，经内蒙古自治区正蓝旗转向东南又进人河北省丰宁县。河流蜿蜒于峡谷之间，至潘家口越长城，经罗家屯龟口峡谷人冀东平原，最终注人渤海。根据《天津市水资源公报（2015）》，2015 年，天津市引滦调水量为 4.51 亿立方米，占天津市当年用水量（23.37 亿立方米）的 19.30%。同年，张承地区滦河流域森林涵养水源的"绿色水库功能"为 25.31 亿立方米／年，则天津市引滦调水量占其滦河流域森林"绿色水库功能"的 17.81%。

作为京津地区的生态屏障，张承地区森林生态系统对京津地区水资源安全起到了非常重要的作用。森林涵养的水源通过潮白河、滦河等河流进人京津地区，缓解了京津地区水资源压力。京津地区作为水资源生态产品的下游受益区，应该在下游受益区建立京津一张承协作共建产业园，这种异地协同发展模式不仅保障了上游水资源生态产品的持续供给，同时为上游地区提供了资金和财政收人，有效地减少了上游地区土地开发强度和人口规模，实现了上游重点生态功能区定位。

五、净化水质功能资源产权流转价值化实现路径

资源产权流转模式是指具有明确产权的生态资源通过所有权、使用权、经营权、收益权等产权流转实现生态产品价值增值的过程，实现价值的生态产品既可以是公共性生态产品，也可以是经营性生态产品。

在全面停止天然林商业性采伐后，吉林省长白山森工集团面临着巨大的转型压力，但其森林生态系统服务是巨大的，尤其是在净化水质方面，其优质的水资源已经被人们所关注。森工集团天然林年涵养水源量为 48.75 亿立方米／年，这部分水资源大部分会以地表径流的方式流出森林生态系统，其余的以人渗的方式补给了地下水，之后再以泉水的方式涌出地表，成为优质的水资源。农夫山泉在全国有 7 个水源地，其中之一便位于吉林长白山。吉林长白山森工集团有自有的矿泉水品牌—泉阳泉，水源也全部来自于长白山。

根据"农夫山泉吉林长白山有限公司年产 99.88 万吨饮用天然水生产线扩建项目"环评报告（2015 年 12 月），该地扩建之前年生产饮用矿泉水 80.12 万吨，扩建之后将会达到 99.88 万吨／年，按照市场上最为常见的农夫山泉瓶装水（550 毫升）的销售价格（1.5 元），将会产生 27.24 亿元／年的产值。"吉林森工集团泉阳泉饮品有限公司"官方网站数据显示，其年生产饮用矿泉水量为 200 万吨，按照市场上最为常见的泉阳泉瓶装水（600 毫升）的销售价格（1.5 元），年产值将会达到 50.00 亿元。由于这些产品绝大部分是在长白山地区以外实现的价值，则其价值化实现路径属于迁地实现。

农夫山泉和泉阳泉年均灌装矿泉水量为 299.88 万吨，仅占长白山林区多年平均地下水天然补给量的 0.41，经济效益就达到了 81.79 亿元／年。这种以资源产权流转模式的价值化实现路径，能够进一步推进森林资源的优化管理，也利于生态保护目标的实现。

六、绿色碳库功能生态权益交易价值化实现路径

森林生态系统是通过植被的光合作用，吸收空气中的二氧化碳，进而开始了一系列生物学过程，释放氧气的同时，还产生了大量的负氧离子、菇烯类物质和芬多精等，提升了森林空气环境质量。生态权益交易是指生产消费关系较为明确的生态系统服务权益、污染排放权益和资源开发权益的产权人和受益人之间直接通过一定程度的市场化机制实现生态产品价值的模式，是公共性生态产品在满足特定条件成为生态商品后直接通过市场化机制方式实现价值的唯一模式，是相对完善成熟的公共性生态产品直接市场交易机制，相当于传统的环境权益交易和国外生态系统服务付费实践的合集。

森林生态系统通过"绿色碳汇"功能吸收固定空气中的二氧化碳，起到了弹性减排的作用，减轻了工业减排的压力。通过测算可知广西壮族自治区森林生态系统固定二氧化碳量为 1.79 亿吨／年，但其同期工业二氧化碳排放量为 1.55 亿吨，所以，广西壮族自治区工业排放的二氧化碳完全可以被森林所吸收，其生态系统服务转化率达到了 100%，实现了二氧化碳零排放，固碳功能价值化实现路径则为完成了就地实现路径，功能与服务转化率达到了 100%。而其他多余的森林碳汇量则为华南地区的周边地区提供了碳汇功能，比如广东省。这样，两省份之间就可以实现优势互补。因此，广西壮族自治区森林在华南地区起到了绿色碳库的作用。广西壮族自治区政府可以采用生态权益交易中污染排放权益模式，将森林生态系统"绿色碳库"功能以碳封存的方式放到市场上交易，用于企业的碳排放权购买。利用工业手段捕集二氧化碳过程成本 200～300 元／吨，那么广西壮族自治区森林生态系统"绿色碳库"功能价值量将达到 358 亿～537 亿元／年。

七、森林康养功能生态产业开发价值化实现路径

生态产业开发是经营性生态产品通过市场机制实现交换价值的模式，是生态资源作为生产要素投入经济生产活动的生态产业化过程，是市场化程度最高的生态产品价值实现方式。生态产业开发的关键是如何认识和发现生态资源的独特经济价值，如何开发经营品牌提

高产品的"生态"溢价率和附加值。

"森林康养"就是利用特定森林环境、生态资源及产品，配备相应的养生休闲及医疗、康体服务设施，开展以修身养心、调适机能、延缓衰老为目的的森林游憩、度假、疗养、保健、休闲、养老等活动的统称。

从森林生态系统长期定位研究的视角切入，与生态康养相融合，开展的五大连池森林氧吧监测与生态康养研究，依照景点位置、植被典型性、生态环境质量等因素，将五大连池风景区划分为 5 个一级生态康养功能区划，分别为氧吧—泉水—地磁生态康养功能区、氧吧—泉水生态康养功能区、氧吧—地磁生态康养功能区、氧吧生态康养功能区和生态休闲区，其中氧吧—泉水—地磁生态康养功能区和氧吧—地磁生态康养功能区所占面积较大，占区域总面积的 56.93%，氧吧—泉水—地磁生态康养功能区所包含的药泉、卧虎山、药泉山和格拉球山等景区。

2017 年，五大连池风景区接待游客 163 万人次，接纳国内外康疗和养老人员 25 万人次，占旅游总人数的 15.34%，由于地理位置优势，俄罗斯康疗和养老人员 9 万人次，占康疗和养老人数的 36%。有调查表明，37% 的俄罗斯游客有 4 次以上到五大连池疗养的体验，这些重游的俄罗斯游客不仅自己会多次来到五大连池，还会将五大连池宣传介绍给亲朋好友，带来更多的游客，有 75% 的俄罗斯游客到五大连池旅游的主要目的是为了医疗养生，可见五大连池吸引俄罗斯游客的还是医疗养生。

五大连池景区管委会应当利用生态产业开发模式，以生态康养功能区划为目标，充分利用氧吧、泉水、地磁等独特资源，大力推进五大连池森林生态康养产业的发展，开发经营品牌提高产品的"生态"溢价率和附加值。

八、沿海防护林防护功能生态保护补偿价值化实现路径

海岸带地区是全球人口、经济活动和消费活动高度集中的地区，同时也是海洋自然灾害最为频繁的地区。台风、洪水、风暴潮等自然灾害给沿海地区的生命安全和财产安全带来严重的威胁。沿海防护林能通过降低台风风速、削减波浪能和浪高、降低台风过程洪水的水位和流速，从而减少台风灾害，这就是沿海防护林的海岸防护服务。同时，海岸带是实施海洋强国战略的主要区域，也是保护沿海地区生态安全的重要屏障。

经过对秦皇岛市沿海防护林实地调查，其对于降低风对社会经济以及人们生产生活的损害，起到了非常重要的作用。通过评估得出：秦皇岛市沿海防护林面积为 1.51 万公顷，其沿海防护功能价值量为 30.36 亿元 / 年，占总价值量的 7.36%。其中，4 个国有林场的沿海防护功能价值量为 8.43 亿元 / 年，占全市沿海防护功能价值量的 27.77%，但是其沿海防护林面积为 5019.05 公顷，占全市沿海防护林总面积的 33.24%。那么，秦皇岛市可以考虑生态保护补偿中纵向补偿的模式，以上级政府财政转移支付为主要方式，对沿海防护林防护功能进行生态保护补偿，使沿海地区免遭或者减轻了风对于区域内生产生活基础设施的破

坏，能够维持人们的正常生活秩序。

九、植被恢复区生态服务生态载体溢价价值化实现路径

以山东省原山林场为例，原山林场建场之初森林覆盖率不足 2%，到处是荒山秃岭。但通过开展植树造林、绿化荒山的生态修复工程，原山林场经营面积由 1996 年的 4.06 万亩增加到 2014 年的 4.40 万亩，活力木蓄积量由 8.07 万立方米增长到了 19.74 万立方米，森林覆盖率由 82.39% 增加到 94.4%。目前，原山林场森林生态系统服务总价值量为 18948.04 万元 / 年，其中以森林康养功能价值量最大，占总价值量的 31.62%，森林康养价值实现路径为就地实现。

原山林场目前尝试了生态载体溢价的生态服务价值化实现路径，即旅游地产业，通过改善区域生态环境增加生态产品供给能力，带动区域土地房产增值是典型的生态产品直接载体溢价模式。另外，为了文化产业的发展，依托在植被恢复过程中凝聚出来的"原山精神"，已经在原山林场森林康养功能上实现了生态载体溢价。原山林场应结合目前以多种形式开展的"场外造林"活动，提升造林区域生态环境质量，结合自身成功的经营理念，更大限度地实现生态载体溢价的生态服务价值化。

展望

根据研究结果 / 案例，在生态系统服务价值化实现路径方面开展更为详细的设计，使生态系统服务价值化实现逐步由理论走向实践。生态系统服务价值化实现的实质就是生态产品的使用价值转化为交换价值的过程。虽然生态产品基础理论尚未成体系，但国内外已经在生态系统服务价值化实现方面开展了丰富多彩的实践活动，形成了一些有特色、可借鉴的实践和模式。森林生态系统功能所产生的服务作为最普惠的生态产品，实现其价值转化具有重大的战略作用和现实意义。因此，建立健全生态系统服务实现机制，既是贯彻落实习近平生态文明思想、践行"绿水青山就是金山银山"理念的重要举措，也是坚持生态优先、推动绿色发展、建设生态文明的必然要求。

生态系统功能是生态系统服务的基础，它独立于人类而存在，生态系统服务则是生态系统功能中有利于人类福祉的部分。对于两者的理论关系认识较早，但迫于技术限制开展的研究相对较少，因此在现有森林生态系统功能与服务转化率研究结果的基础上，开展更为广泛的生态系统服务转化率的研究，进一步细化为就地转化和迁地转化，这也成为未来生态系统服务价值化实现途径的重要研究方向。

（摘自：《环境保护》2020 年 14 期）

附件三

麻阳河国家级自然保护区黑叶猴介绍

黑叶猴（*Trachypithecus francoisi*），属于哺乳纲灵长目猴疣猴亚科乌叶猴属，分布在越南北部和我国广西壮族自治区、贵州省和重庆市的热带、亚热带喀斯特地区。由于它的生存环境特殊，数量稀少，所以世界自然保护联盟（IUCN）将它列为濒危物种。在我国，黑叶猴被列为国家一级保护野生动物。

一、形态特征

黑叶猴的成体在面颊两侧各有一道狭长的白色触须，沿嘴角向后一直延伸至耳朵的上部（图1）。此外，雌性在会阴部位有一个三角形的白斑，身体的其他部分外观都是黑亮色。婴猴出生时浑身的毛色为橘黄色，随着生长发育，从尾尖向头部方向颜色加深，逐渐转变为黑色，这也是在野外粗略判断黑叶猴年龄的重要依据。

黑叶猴另外一个很明显的特征是头顶部的毛向上耸起，形成一个三角形的发冠。它的体型纤细，四肢修长，尾巴通常长于身体，当黑叶猴在树上运动时这条尾巴可以起到平衡身体的作用（图2）。它的眉毛很明显，粗而硬且向前突出；四肢细长，并长有毛，前肢手长几乎为手宽的两倍；拇指很短，其他四指长得多，雄猴还有发达的犬牙（图3）。成年的公猴身长和体重都比母猴要大一些。

图 1　黑叶猴成体的面颊形态特征

图2　黑叶猴的尾巴

图3　黑叶猴的指甲

二、黑叶猴的食住行

叶猴之名是因为这类猴子主要以植物的叶子为食，叶子占食物的 60% 到 80%。此外，它们的食物也包括植物的根、花、树皮和果实等（图 4-6）。它们利用的植被多为常绿阔叶林和常绿落叶阔叶混交林。黑叶猴的这种取食方式是和它的身体结构相适应的，因为它有一个高度特化的胃，里面有大量的微生物，帮助它发酵植物含有的纤维素，并分解有毒的化合物。黑叶猴取食的植物种类很多，对于不同的植物在不同季节里利用的部位也不同，如亮叶

桦的花、果、叶可以供它长年食用，在春季取食鹅耳枥的芽和嫩叶，在秋季取食盐肤木的种子。除了植物以外，黑叶猴还有啃食石灰岩岩壁的习性，科学家估计这是在取食生长在岩石上的苔藓。

图 4　黑叶猴采食叶子

图 5　黑叶猴采食红薯

图 6　黑叶猴在树顶采食

　　黑叶猴栖息的喀斯特石山地区有许多岩洞、岩坑或岩缝，是黑叶猴重要的夜宿地。黑叶猴基本上沿河流分布，主要分布在高山陡岩和切割很深的江、河、溪流两岸的悬崖峭壁地带，夜宿地距离河谷和陡坡坡顶均具有一定的距离，可以避免天敌的入侵（图 7 至图 8）。夜宿地周边的植被主要由灌木组成，裸岩也占有一定的比例，这也是出于安全的考虑。

图 7　分布在陡岩的黑叶猴群

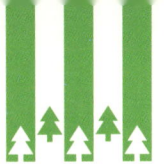

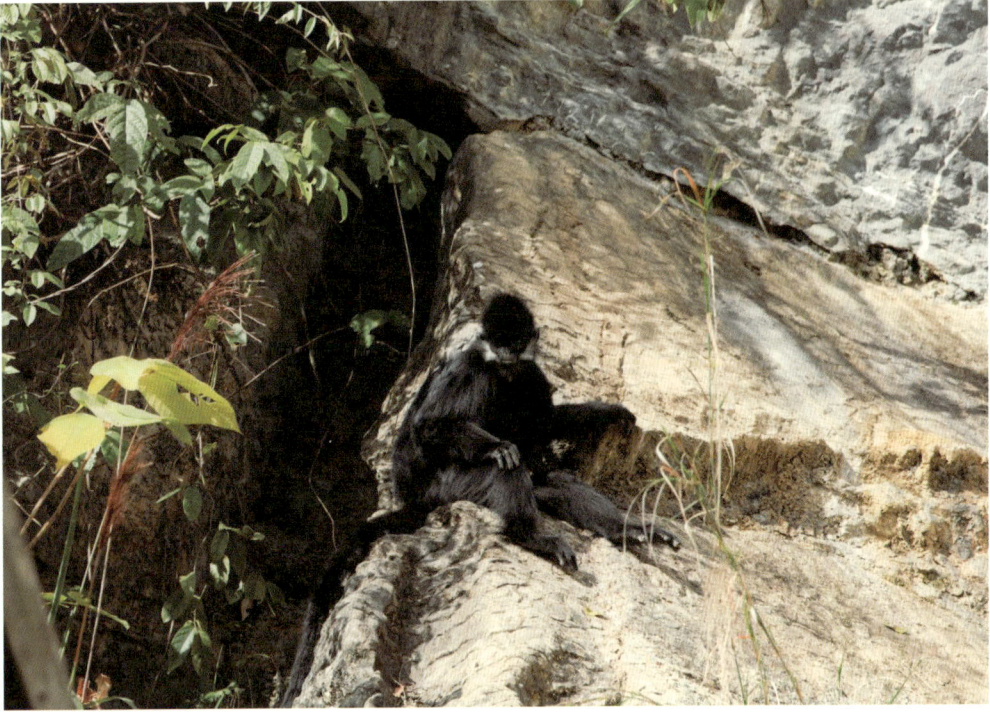

图 8　黑叶猴公猴

黑叶猴属于猴类中的叶猴大家庭，以家庭群作为基本生存单位。其中，整个猴群以雌性为核心。黑叶猴有两种群，一种是可以繁殖后代的一雄多雌群（家庭群）（图 9）；另一种是临时聚在一起的、由年轻公猴组成的全雄群（图 10）。

图 9　家庭群

图 10　全雄群

　　黑叶猴成群活动，猴群大多数由一只成年公猴、多只成年母猴以及它们的后代组成
（图 11）。猴群取食或休息的时候，成年猴常轮流在高处警戒和放哨，一旦发现有危险，这些
担当哨兵的猴子就会发出声音通知猴群，同时恐吓敌人。成年的雄猴之间有时候也会发生激
烈的争斗行为，导致猴群结构的改变或者分裂。黑叶猴家庭群有 5 ~ 20 只猴，通常是 7 ~ 13
只。每一群都有相对固定的家域，全年的家域面积一般在 50 ~ 120 公顷。一般未受干扰的栖

图 11　黑叶猴群

息中的家域面积小于干扰下的栖息地，这主要受食物的多少、获得的难易程度和人为活动等影响。在家域之内一般都有多个夜宿地，猴群在这些夜宿地之间来回游走，一般隔 1 ~ 3 天就会换一个，利用程度不均等。不同的黑叶猴群家域之间会出现重叠，甚至是几群黑叶猴共用同一个岩洞，但这种共同利用会错开时间。当它们同时在一个区域内活动的时候，通常会发生猴群与猴群间的恐吓或打斗，较弱的一方会转移到别的地方活动。黑叶猴每天活动的距离一般不会超过 1 千米，遇到阴雨天会更小。在一天的活动中，黑叶猴表现为休息、摄食、游走、嬉戏、拥坐和理毛等行为，其中较多的时间用于休息、摄食和游走（图 12 至图 13）。

图 12　黑叶猴拥坐

图 13　黑叶猴母猴和幼猴

三、黑叶猴的保育

黑叶猴一般在 1 ～ 6 月产仔，集中在 2 ～ 4 月，它们的繁殖有较严格的季节性，这与食物开始比较丰富和环境条件比较优越有关。黑叶猴生殖间隔为 21 ～ 25 个月，平均 23 个月。黑叶猴的成年个体是黑色的，但是它们的幼仔却是另一副长相。刚出生的幼仔体重约为 500 克，头顶金黄色，脸部肉色（图 14）；第 60 天，头顶尖毛色开始变黑，黄色逐渐消褪（图 15）；第 100 天，黑色越来越多，脸色逐渐变黑（图 16）；8 ～ 9 个月，毛色和肤色全部变黑，与父母相同（图 17）。

图 14　刚出生的幼猴

图 15　第 60 天的幼猴

图 16　第 100 天的幼猴

图 17　8 ～ 9 个月幼猴

　　威胁黑叶猴活动、繁殖的因素很多。适合黑叶猴活动的地区都属于典型的喀斯特区域，该地形地貌地表土壤非常单薄甚至没有，缺乏保水的能力，因此植被一旦遭到破坏，很难重新恢复，因此影响黑叶猴的分布和种群壮大。非法偷猎的潜在威胁，道路、耕地、村庄的分布等人为活动对黑叶猴栖息造成了分割、破碎化现象依然存在。通过对黑叶猴栖息地自然修复，山水林田湖草沙一体化保护和修复工程的实施，森林生态效益补偿兑现，实施重点区位人工商品林赎买，建立野生动物致害赔偿保险业务，加强黑叶猴监测和研究，加大宣传和自然教育，麻阳河保护区黑叶猴栖息地质量越来越好，黑叶猴数量不断增长。

　　麻阳河黑叶猴的种群数量在过去 36 年的保护下，种群数量由 38 群 395 只增加到 2013 年 72 群 554±209 只，目前是全球最大种群，也是该物种全球分布的最东端。由于黑叶猴的栖息地是沿河谷分布的，常使用黑叶猴分布的河谷长度来衡量其栖息地面积变化。成立保护区时，保护区内有黑叶猴分布的河段长度为 38 千米，2013 年调查时有黑叶猴分布的河段长度为 79.6 千米。此外，根据 2006—2016 年麻阳河保护区的森林资源二类调查结果显示：保护区内的活立木蓄积增加了 113.95%，乔木林单位面积蓄积增加了 34.65%，森林覆盖率增加了 16.75%。这说明麻阳河黑叶猴栖息地质量越来越好，充分展示了保护的成效。

"中国山水林田湖草生态产品监测评估及绿色核算"系列丛书目录*

---

* 本套丛书中 1～20 种原丛书名为"中国森林生态系统连续观测与清查及绿色核算"系列丛书

20. 贵州省森林生态连清监测网络构建与生态系统服务功能研究，出版时间：2020年12月

21. 云南省林草资源生态连清体系监测布局与建设规划，出版时间：2021年8月

22. 云南省昆明市海口林场森林生态系统服务功能研究，出版时间：2021年9月

23. "互联网＋生态站"：理论创新与跨界实践，出版时间：2021年11月

24. 东北地区森林生态连清技术理论与实践，出版时间：2021年11月

25. 天然林保护修复生态监测区划和布局研究，出版时间：2022年2月

26. 湖南省森林生态连清与生态系统服务功能研究，出版时间：2022年4月

27. 国家退耕还林工程生态监测区划和布局研究，出版时间：2022年5月

28. 河北省秦皇岛市森林生态产品绿色核算与碳中和评估，出版时间：2022年6月

29. 内蒙古森工集团生态产品绿色核算与森林碳中和评估，出版时间：2022年9月

30. 黑河市生态空间绿色核算与生态产品价值评估，出版时间：2022年11月

31. 内蒙古呼伦贝尔市生态空间绿色核算与碳中和研究，出版时间：2022年12月

32. 河北太行山森林生态站野外长期观测数据集，出版时间：2023年4月

33. 黑龙江嫩江源森林生态站野外长期观测和研究，出版时间：2023年7月

34. 贵州麻阳河国家级自然保护区森林生态产品绿色核算，出版时间：2023年10月